零基础

逻辑思维笔记

[日]北村良子 著
刘江宁 译

中国科学技术出版社
·北 京·

逻辑思维会让你的人生更加丰富多彩

有时我们会觉得自己想出了一个绝妙的主意，但是上司和同事对此却反应平平，甚至在公司会议上自己提出的策划案也经常遭到否定。

我们在和客户交涉的时候，不能很好地让对方信服自己说的话，签订协议更是遥遥无期。

你有没有上述这样的经历呢？

觉察出一些苗头的各位不妨确定一下自己提出的想法是否只是流于表面。认真想来，你会发现你的想法很有可能是一个陈腐的观念，抑或忽略了重要点。

总之这个方案的提出并非经过深思熟虑，而是脑袋一热、不假思索的结果。

当我们向别人说明自己的主意和想法，以期获得对方的认同和理解的时候，“逻辑”是必不可少的。

这里所说的“逻辑”指的是能够引起对方认同的、合乎道理的思考过程。

例如，有一个非常有名的三段论法——如果A等于B，B等于C，那么A也等于C。这可以称得上“十分具有逻辑性”。

再比如，有人会说：“我认为与A产品相比，我们更应该把促销资金投放到B产品上。理由有以下3个。第一个理由是……”。像这种“结论—依据”的关系显得十分简明畅快的时候，我们也可以称为“是有逻辑的”。

正是因为在你的对话、文章和演示资料中缺乏这种逻辑性，所以你的想法才得不到大家的认可。

那么，该怎么做才好呢？

答案十分简单。如果你的思路缺乏逻辑性的话，只需要掌握逻辑思维的技巧就可以了。

换句话说，你只需要把逻辑思维转变成自己的所有物就好了。

用英语来说的话，逻辑思维就是“logical thinking”，也正是这本书的题目。

作为一种能够把自己的想法通俗易懂地传达给对方的商务技巧，逻辑思维经常被灵活应用在问题解决和信息整理等各种各样的场合之中。逻辑思维作为一种思维方法，其过程是通过分解梳理问题，明确论证假说时所需要的信息和分析方法，并通过合理的判断得出某种结论。这种思维方法的主要特征就是“有条理地进行思考”。

当下，逻辑思维已经成为商务思考的“全球化 · 标准型”。换句话说，它已然成为推进工作所必须掌握的技巧。

在这种大形势下，我们编写了这本包含许多对话和插图的书。目的是想让那些对逻辑思维一无所知的人们能够俯瞰逻辑思维的基本点。所谓逻辑思维指的是什么呢？我们要能够从这种最原始的疑问出发，然后一鼓作气地学习掌握“金字塔结构”和MECE（相互独立、完全穷尽）”等黄金法则。这些都是用来帮助我们掌握逻辑思维的重要办法。

我们编写本书不只是为了那些正在自己的岗位上热火朝天地工作的人，也不仅针对那些接下来要在某公司就业的人。我们还希望那些对逻辑思维充满求知欲的人们能够尽情享受本书。

逻辑思维不仅在商务圈中大有用处，而且对我们的日常生活也大有裨益。换言之，人只要活着，就不得不做出某些判断。哪怕是决定晚餐要吃什么菜这样一件小事，也要一边考虑冰箱中的食材、共同进餐的其他人的喜好等要素，一边进行搭配食材的思考。

我衷心地期盼您能掌握逻辑思维的技巧，从而使自己的人生更加丰富多彩。

目 录

第 4 章
用于解决问题的逻辑思维

第5章 用于提高思维品质的逻辑思维

第6章 赋予对话逻辑性，提高说服力

第 7 章 通过思考实验锻炼逻辑思维

公司

第1章

商务人士必须掌握的逻辑思维技巧到底是什么

欲要成功，我们必须要能正确掌握实现目标过程中的所有问题，并且思考出最有效果的对策。在这一方面，最有效的途径就是逻辑思维。那么，让我们一起了解一下关于逻辑思维的基础知识吧！

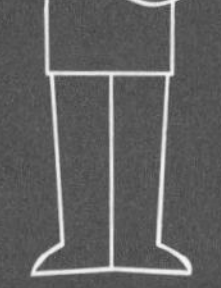

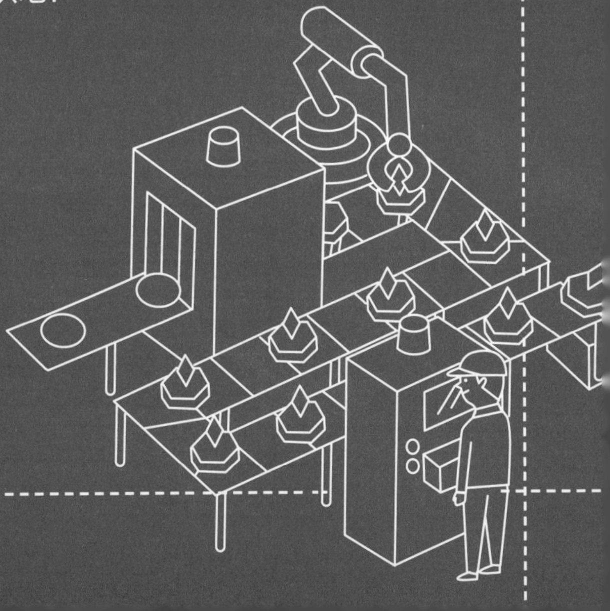

01 正确掌握实现目标过程中的所有问题

所谓逻辑思维，就是要对问题进行客观分析，并找出行之有效的办法的思维方法。人们通过这种方法寻找解决问题的最佳途径，从而得出最为合适的答案。

例如，当我们面对“要在一年内将销售额翻一番”这样一个问题时，只是含含糊糊考虑的话，是找不出答案的。如果运用逻辑思维的话，就会从两个方面对这个问题进行客观分析：一是销售额的构成要素；二是市场规模和占比。市场规模的动态变化是关键所在。市场规模扩大的时候，只需维持现有的市场占比（▶P13），就可以实现销售额的增长。

逻辑思维是“思路准确的思考”、是解决问题的重要途径

相反，在市场规模收缩（▶P13）的情况下，不提高市场占比是无法实现销售额增长的。为此我们需要进一步分析该如何去做。在市场规模有所收缩的时候，为了有效提高市场占比，我们需要增大某些要素的原有绝对值，比如商品数量、客户人数和销售量等。为了做好这些工作，分析和调查就变得不可或缺。

02 关于逻辑思维最为基础的知识

逻辑思维是大家在日常生活中都会自然而然使用的思维方法。现在，我们只把它放到商务场合进行讨论。

逻辑思维大致可以分为归纳法和演绎法两种。归纳法指的是以众多事例或事实为基础，并从中得出某个结论的方法。这种方法经常会应用在我们的日常生活中。比如听天气预报说今天会下雨，之后抬头望望天空，发现云的走势确实不同于寻常。根据这两个事实，我们下定了要带雨伞出门的决心。这就是归纳法。如果我们把它灵活应用在商务场合的话，就会出现如下场景：假设在汽车领域，WITZ（斯巴鲁）卖得很好，丰田Vitz卖得很好，飞度卖得也非常好。因此我们要增加小型汽车的生产量。这就是归纳法。在运用归纳法的过程中，我们需要利用十分精准的数据。

关于逻辑思维最为基础的知识①——归纳法

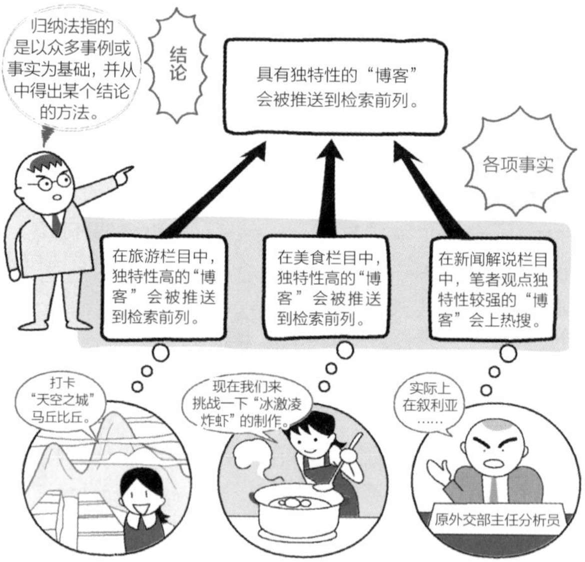

与之相对，演绎法指的是先将某种规则设定为大前提，并在此前提之下得出某种结论的思维方法。例如，如果我们摄入过多糖分且不运动的话，就会长胖。铃木摄入了许多糖分并且不运动，逐渐地胖起来。这就是演绎法。

关于“逻辑思维”最为基础的知识②——演绎法

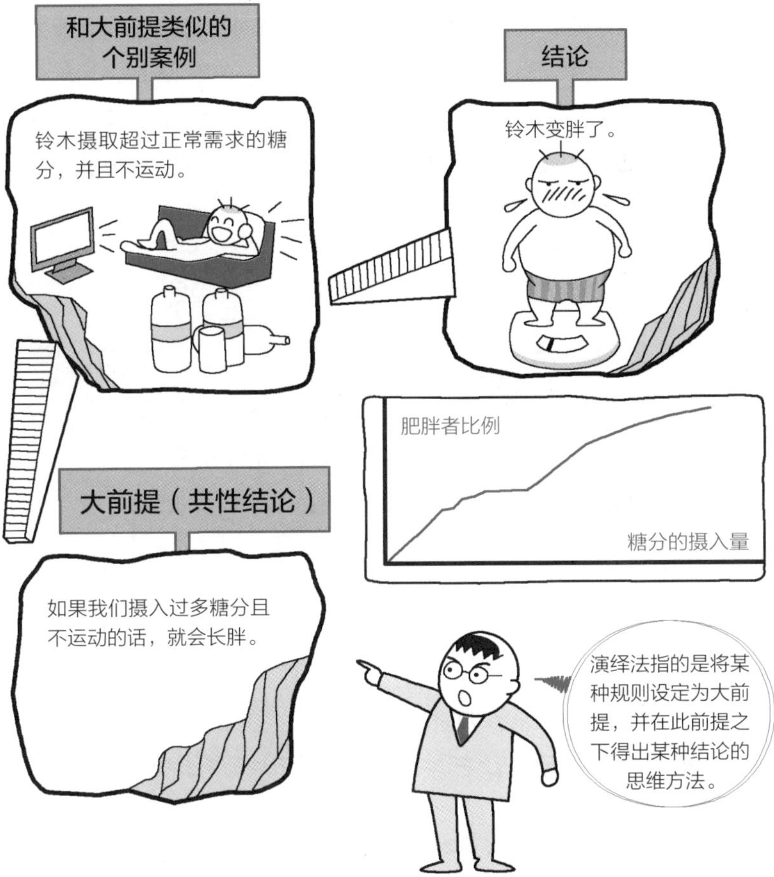

03 通过"在纸上做笔记"，练就逻辑思维能力

要提高逻辑思维能力，必须且只需要准备写字笔和A4纸。学会用它们分条列点地记录解决问题的对策，是我们努力的起点。

我们拿出一张A4纸之后，首先要在上面记下要解决的问题和日期，之后分条列点地记录下脑海中所浮现出的问题解决方案。1分钟大概要写出4~6行。写完第1张后，就开始在第2张上写。在第2张纸上记录时，一定会有一些和第1张纸上部分内容重复或者不能称为解决方案的东西。我们要把这些内容集合在一起进行删除，之后将剩余的内容拓展成更为具体的长句子（每句话有20~30个字）。

只需在A4纸上做笔记，就会大有起色

通过这种训练方式可以提高我们的思考能力及整理与分析能力。具体来说，这种训练不但可以整理我们的思绪、明确各种方案的优先排序，而且还能促使我们更早地付诸行动。同时，通过延长句子可以增加话语的说服力。下面，我们来举一个具体的事例。假设现在对方提出一个不合道理的缴纳期限，我们要将其转换成为一种疑问的形式——“该怎么做才能在规定期限前交付呢?”接下来开始做笔记来整理相关对策。之后便是要重复这种训练。

“在A4纸上做笔记”的5个要点

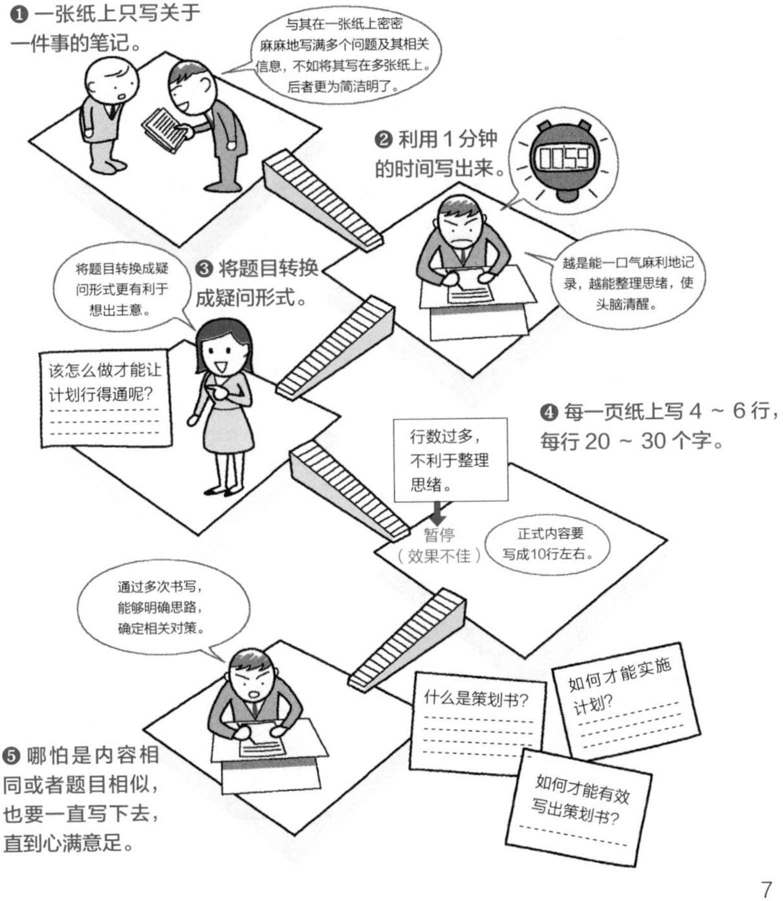

04 运用“矩形方阵”整理思路

为了更好地运用逻辑思维方法，我们经常会用到各种各样的框架（►P13），其中比较具有代表性的是“矩形方阵”。如果你能熟练地掌握这个方法，那么对你会大有裨益。

当我们想要通过广阔的视角考虑问题、简化问题并付诸行动的时候，“矩形方阵”分析法能够发挥巨大作用。首先要选出两个对工作最为重要的项目，将其设定为“矩形方阵”的纵轴和横轴。我们选定的两个项目之间不能有类似于“价格与质量”这种此消彼长关系的项目。选择两个相互独立的项目是关键所在。

在相亲活动中试着运用“矩形方阵”

我们尝试制作一个可以用于决定工作优先性的“矩形方阵”。将纵轴设定为工作的“紧急性”，横轴设定为工作的“重要性”，通过此方法将工作分门别类。我们可以根据“矩形方阵”不慌不忙、毫无遗漏地开展工作。通过方阵，我们就能很清楚地明白准备一些面向“紧急性”和“重要性”都很高的新客户的业务资料是当务之急。

在商务场合中能够发挥真正价值的“矩形方阵”

05 运用“行为矩阵”

在开创一个没有竞争对手的新市场时，我们称此为“蓝海战略”（▶P13）。下面我们将介绍其中一项非常重要的框架结构——“行为矩阵”。

在使用“行为矩阵”时，我们首先要针对目前各竞争因素逐一验证“去除”“减少”“增加”和“添加”这4种行为，明确本公司该采取何种措施才能创造出属于自己的“蓝海”。当我们“增加”和“添加”附加值的时候，往往要增加成本。当我们减少成本的时候，往往有必要“去除”或“减少”某些附加值。

“蓝海战略”中的4种行为

当我们要破解这个“二难推理”，想要突破瓶颈、一举成功的时候，“行为矩阵”将会发挥巨大作用。另外，在深入探究“蓝海战略”时，“价值创新”这一概念会对其产生重大影响。所谓“价值创新”（►P13）指的是在降低成本的同时，也要为顾客创造更多的价值，从而实现企业和顾客的“双赢”。

QB House[①]的“行为矩阵”

① QB House是日本企业QB Net公司运营的10分钟理发店。——译者注

专栏 1

作为逻辑思维对立项的发散式思维究竟指的是什么

发散式思维是逻辑思维的对立项。逻辑思维的特点是以某个前提条件为基础，逐一论证各项逻辑，谨慎进行思考的方法。与逻辑思维不同，发散式思维的特点是不拘泥于现有概念的框架，通过自由想象使思维出现质的飞跃。例如，关于发散式思维有一个非常有名的故事——如何把13个橙子分给3个人。如果运用逻辑思维来处理这件事情的话，最终的解决方案是：每人4个橙子，最后剩下的一个橙子3个人平分。

但是如果运用发散式思维来解决这个问题的话，可能会得出这样一个结论：用榨汁机将橙子榨成果汁，然后均等地分给3个人。

运用发散式思维后往往出现很多值得我们期待的结果。例如，通过崭新奇特的想法实现了某种创新，或者通过组合既有事物衍生出新的想法等。发散式思维和逻辑思维是一种相辅相成的关系，如果能将两者结合起来使用的话，一定能够拓宽我们的思路。

术语说明①

市场占比（P2）

市场占比也称“市场占有率”或者“市场份额”，是指一定时期内某企业的某个产品或服务在市场同类产品或服务中所占比重。其主要的测算方法是计算某企业销售量（额）在整个行业中所占比重。市场占比是判断市场结构的一个重要指标，也是操控本公司强弱的基准。因此，很多企业在启动销售战略的时候，会将其设定为目标。在销售领域，企业会参照市场占比来把握市场动向、了解本公司在业界的地位，预测市场走向等。

收缩（P3）

收缩意为“缩减”“减少”等。在商务场合，该词汇的含义为以下两种：①使用某种技术缩减物体或者数据；压缩。②市场收缩或者购买欲望降低。

框架（P8）

框架意为结构、骨架、构造等。商务领域中的框架特指有益于树立经营战略、改进经营方式及解决相关问题的分析途径和思维框架。在逻辑思维中有许多思维方式都在其范围之内，如“3C分析和矩形方阵”“态势分析法”（SWOT分析法）、“波特五力分析”“宏观环境战略分析”以及“产品结构组合分析”（PPM分析）等。在信息技术行业中，它指的是为促进系统开发而准备的诸如程序之类的雏形。

蓝海战略（P10）

“蓝海战略”是指在当今还不存在的某个产业领域开展事业，打开一个未知的市场空间。在“蓝海战略”里，企业没有竞争对手，可以顺利地开展业务。企业为顾客创造了价值，因此企业可以获得高额回报。“蓝海战略”（Blue Ocean Strategy）是由钱·金（W.C. Kim）和莫博涅（Renée A. Mauborgne）提出的。在解释“蓝海战略”的时候不得不提及与它相对的概念——“红海战略”。所谓“红海战略”，是指在已知市场空间中竞争激烈，你死我活，充满血腥，犹如红海。“红海战略”是在已有的市场空间竞争，争夺有限“奶酪”的战略，为此就会不可避免地紧盯竞争对手、比试血腥。

价值创新（P11）

“价值创新”指的是企业在实现“低成本”的同时，提高为客户提供的附加值。这一概念是在“蓝海战略”中提出的。换言之，就是企业要通过创造新的价值来为客户提供更高层次的价值。同时，企业也要通过创新手段减少不必要的成本，实现“低成本化”。

公司

第2章

逻辑思维基础
——“金字塔结构”

逻辑思维的核心理念之一就是“金字塔结构”。下面我将为大家介绍如何梳理自己的想法和想要表达的事情、如何确认自己的想法是否具有逻辑性以及加深逻辑性的方法。

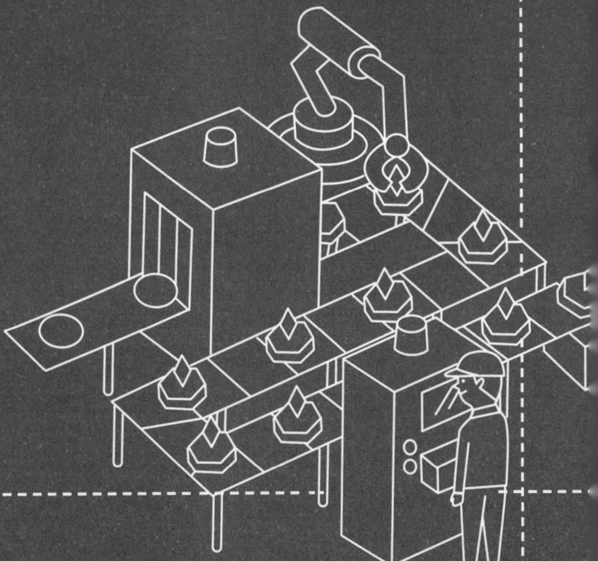

01 能够提高逻辑思维能力的“金字塔结构”究竟是什么

如果能够学会站在一定高度俯瞰并精确捕捉事物的各种要素和整体构造的话，那么做出最合适判断的基础就已然筑牢。

遇到复杂的事情，不对其进行梳理而直接进行分析和思考的话，绝非一件易事。如果不认真理解内容本身，不从结合实际的角度进行分析，那么是得不出正确结论的。如果想要解决这个问题，那么就要通过“金字塔结构”对问题进行分析。我们在进行分析的时候，会把分析对象拆分细化为众多要素。如果用图形来表现的话，其形状如同“金字塔”，故称为“金字塔结构”。

拆分细化分析对象并将其图形化

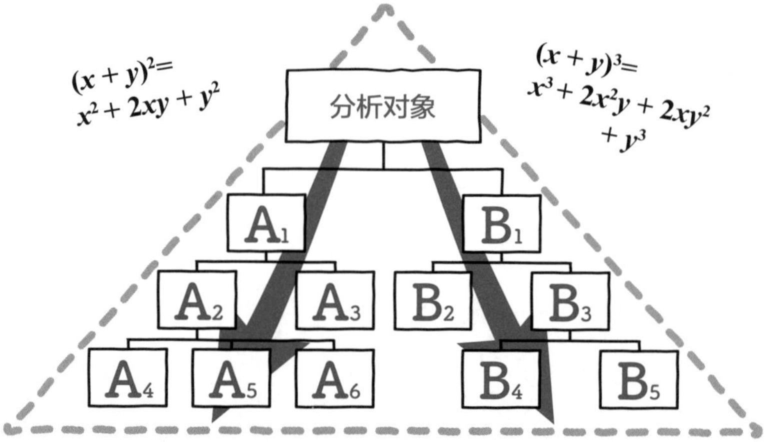

例如，我们在分析某企业销售额的时候，首先要考虑的是“客户人数”和“客户人均消费”这两个要素。“客户人数”又可以分为“老客户人数”和“新客户人数”。从“老客户”这一方面又可以分析“新商品”“必需品”和“不受欢迎的商品”等要素。这样我们通过“分枝法”梳理分析对象的方式，可以从一定高度俯瞰事物的各种要素之间的关系和整体构造，从而做出准确的判断。

利用“金字塔结构”分析的话，脉络一目了然

02 分析事项的同时要提高其具体性

我们要介绍的是“费米推论法”。它的主要作用是使得模糊笼统的概念具有具体性，从而得出更具有说服力的推论。

在一些案例中，想要确定具体的数字是很困难的，但是我们可以通过添加各种各样的条件来把握其大致规模。我们称这种方法为“费米推论法”。同时，它也是构建“金字塔结构”的一个重要方法。假设我们现在想要了解咖啡豆的年销售量，只需要把“每杯咖啡中使用的咖啡豆数”和“一年期间喝掉的咖啡的杯数”这两个要素结合起来计算就可以得到答案了。

更为具体地深入分析研究对象

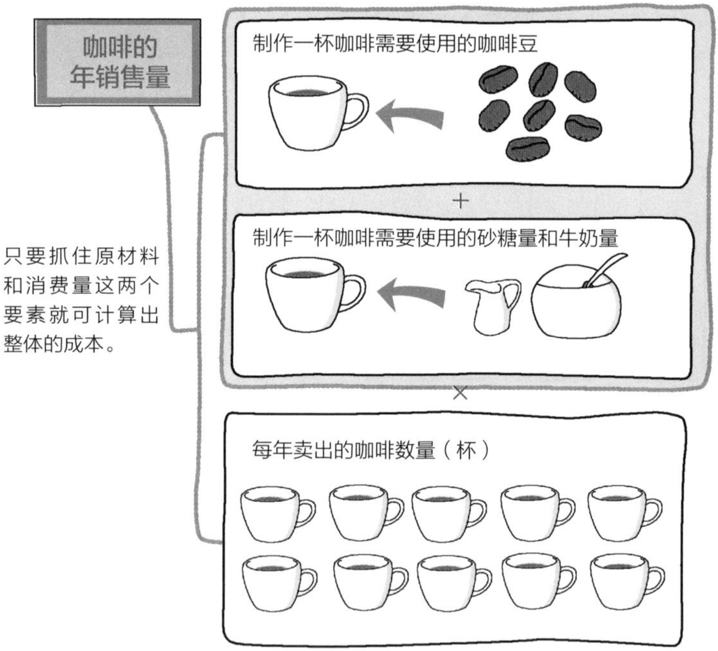

如果从经济效益的层面来看，我们应当把咖啡中的砂糖和牛奶也纳入研究对象之中。相反，如果我们从宏观角度来分析，可以从咖啡豆的年销售量来推算咖啡销售量在饮品市场中的占比，甚至可以推算出在食品市场中的占比和成本消耗。进而我们可以通过微观视角来分析其在外食产业和普通家庭消费中的占比。

拓宽限制范围，进行更广阔视野下的分析

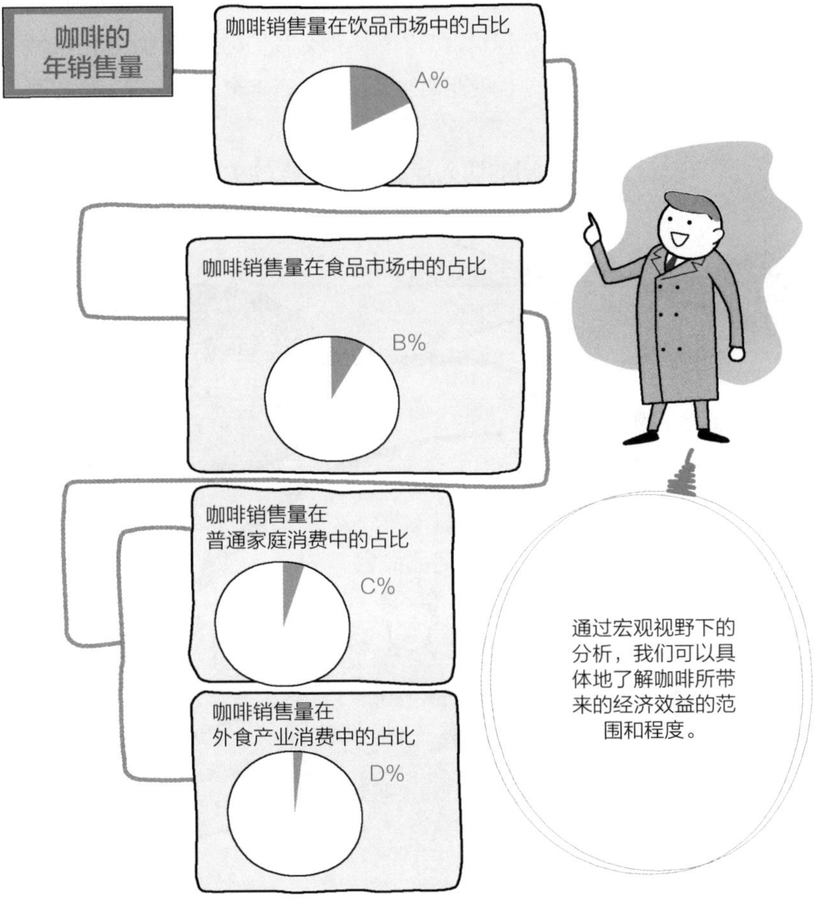

03 拆分事项时，最初的切入点（黄金分割点）很重要

拆分事项时，最初的切入点不同，会在很大程度上影响“金字塔结构”的内容。为了能够找到最佳的切入点，我们需要从多种角度进行探寻和分析。

在构建“金字塔结构”的时候，最初的切入点（黄金分割点）极为重要。最初设定的项目会决定整体的发展方向。换言之，只有我们从正确的角度选择项目，才能构建出一个有实际意义的“金字塔结构”。相反，如果从一开始就选择错误的项目，那么我们构建的“金字塔结构”就是一个失败的构造，也就距离想要追求的真相越来越远了。最初的切

最初的切入点是进行分析的关键

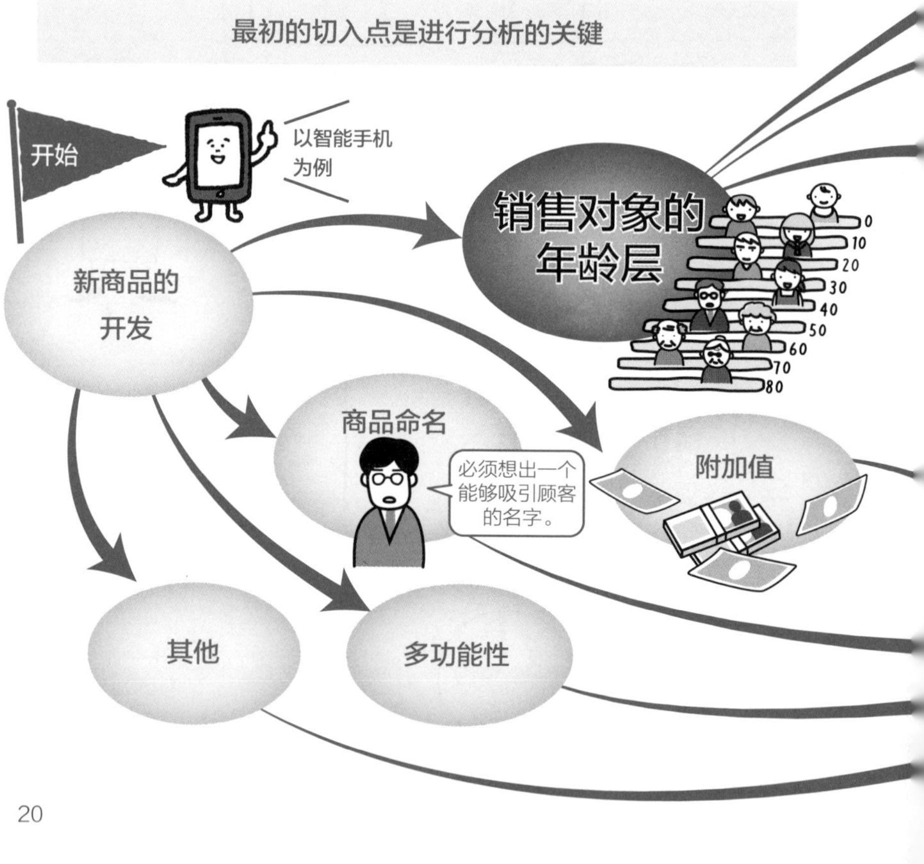

入点是如此重要！为了找到最佳的切入点，我们有必要从多种角度进行探寻和分析。例如，当我们对新产品开发这一问题探寻切入点的时候，是要优先考虑“对象年龄”，还是将重点放在商品命名（▶P39）或附加价值（▶P39）上呢？最终选定的切入点不同，创建的构造和得出的结论也会有很大差异。希望大家要经常有意识地思考目的之所在和最初的切入点是什么。

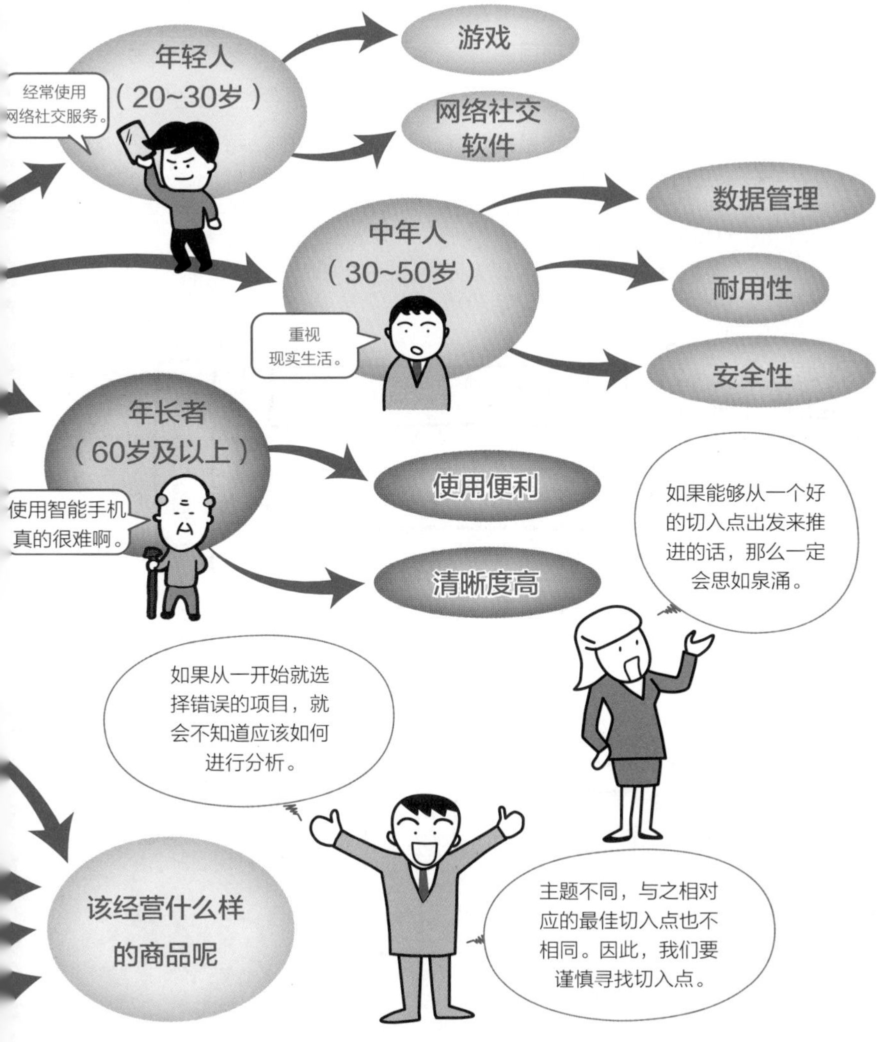

04 把相邻事项统筹在同一抽象程度和重要程度

处于不同抽象程度和重要程度的项目并存的时候，我们往往很难构建出一个合适的结构。为此，我们需要把项目进行再次整理。

在构建“金字塔结构”的过程中，一个项目经常会被拆分为数个小项目。如果我们随意排列相关项目的话，不仅最终的结果缺乏整体统筹性，而且整理出来的图形会让人一头雾水。在条理清晰的“金字塔结构”中，并存于同一层级的项目一定是按照同一标准来设定的，每个项目之间存在的差异也一目了然。

在各层级不能随意混入不同基准的项目

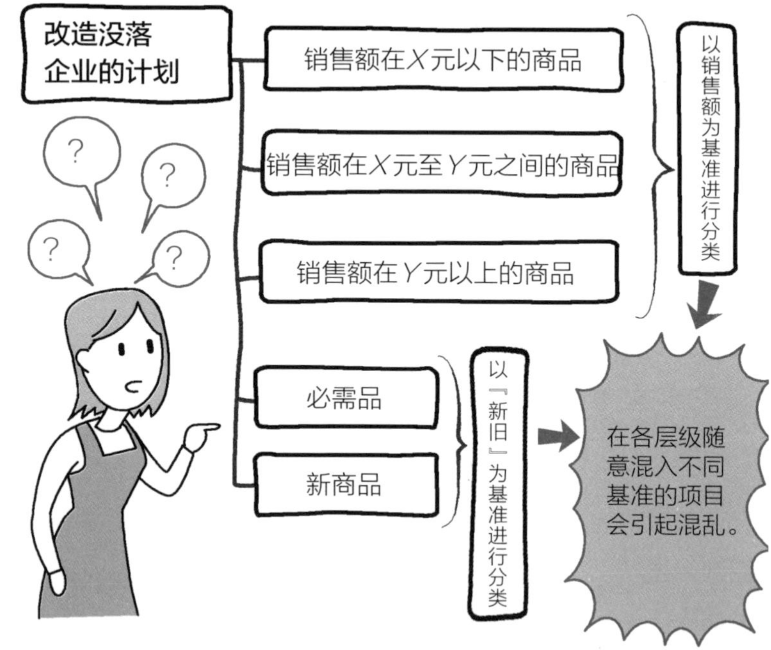

如果我们按照不同的价格区间对商品进行分类的时候，胡乱填入“受欢迎的商品”“新商品”等项目的话，那么就会出现重复或者遗漏之处，引起混乱。当然，在下一层级（新旧商品分类）中设定的项目也是“驴唇不对马嘴”，最终也是得不出任何有价值的结论的。我们要能够把相邻事项统筹在同一抽象程度和重要程度，认真设定分类基准，之后再对项目进行分门别类。只有养成这样的习惯，才能构建出清晰可靠的“金字塔结构”。

同一水平的项目设定在同一层级

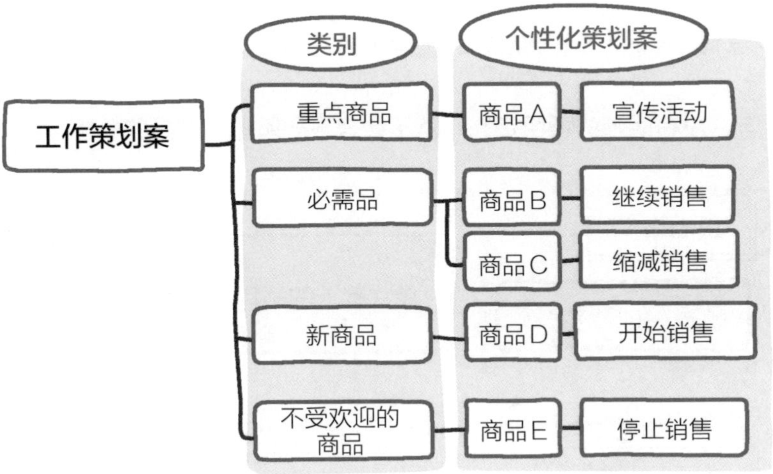

05 把明确设定的项目放在同一个“箱子”里

模糊不清的项目设定意味着思考主体的思绪不明。如果大家苦恼于不知该如何对项目进行分门别类，那么就尝试为其附加一些具体条件吧！

构建“金字塔结构”的目的是使含混不清的概念有具体性，从而得出清晰准确的定义。但是，如果我们排列的项目本身就模糊不清的话，那么最终构建的“金字塔结构”也会变得模糊不清。这样一来，我们就无法清楚地确定在下一阶段该如何排列相关项目。

没有明晰的项目定义，就不会有下一阶段中明晰的分析

◎ 正面事例

× 反面事例

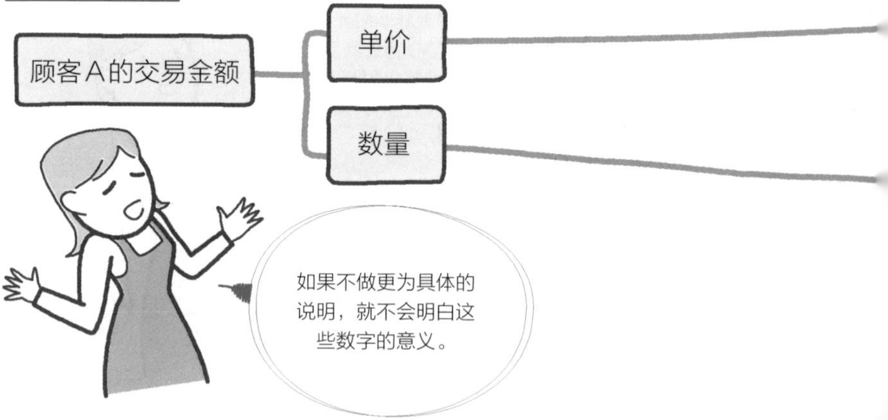

比如，我们只写“单价”两个字，就会使问题变得模糊不清。“单价”究竟指的是定价，还是销售价格？当我们设置这种模糊不清的项目时，恐怕连构建“金字塔结构”的当事人都无法准确地把握其内容。在此类案例中，当事情进展到下一阶段的时候，我们就无法设定对相关项目进行分门别类的基准。此时，我们需要追溯到上一阶段，对项目进行再定义，继而发现遗漏的问题点，最终找到完美的解决方案。

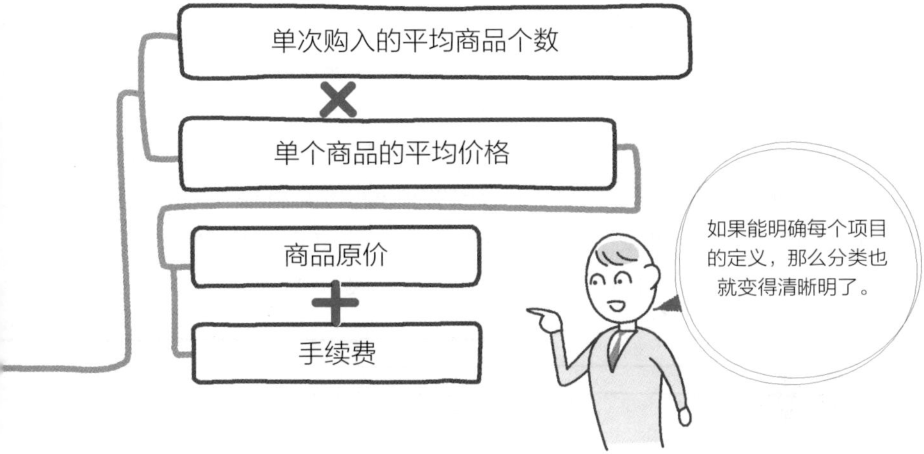

06 “金字塔结构”建立在四则运算基础上

“金字塔结构”的构建和数学的因数分解（►P39）是一样的。同一层级的项目可以通过四则运算法则联系起来。

从某一项目中会衍生出若干层级，在某一层级中又排列着若干项目。这些项目之间一定具有某些关联性，它们的连锁反应能很好地再现上一层级中所对应的项目。这些项目是通过四则运算（加、减、乘、除）法则联系起来的。例如，上一层级中的“销售额”等于下一层级中的“顾客数量”和“顾客人均交易额”之积。如果换成别的分类方式，那么上一层级中的“销售额”也可以等于下一层级中的“事业A的销售额”“事业B的销售额”和“事业C的销售额”等项目之和。如果换成“费用”的话，那么就是“原材料费”+“人工费”+“运输费”等。

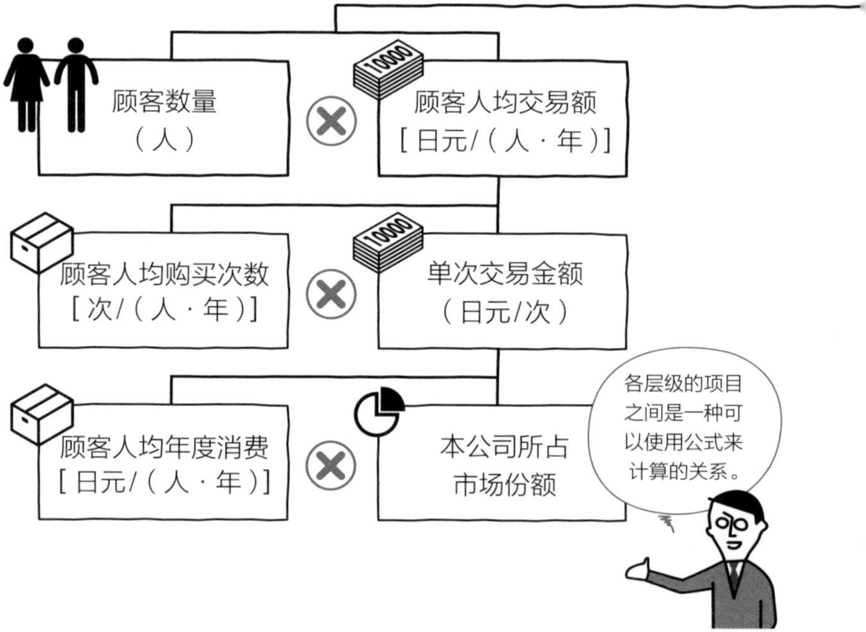

如果我们切换关注点，想要了解“顾客人均消费”的时候，只需要用“销售额”除以“顾客数量”就可以得出答案了。在构建“金字塔结构”的时候，虽然会人为无意识地偏向于“加法”或“减法”等某种运算方式，但不可否认的是，学会使用四则运算会有助于我们发现更多的切入点。

同一层级的项目通过四则运算法则联系起来

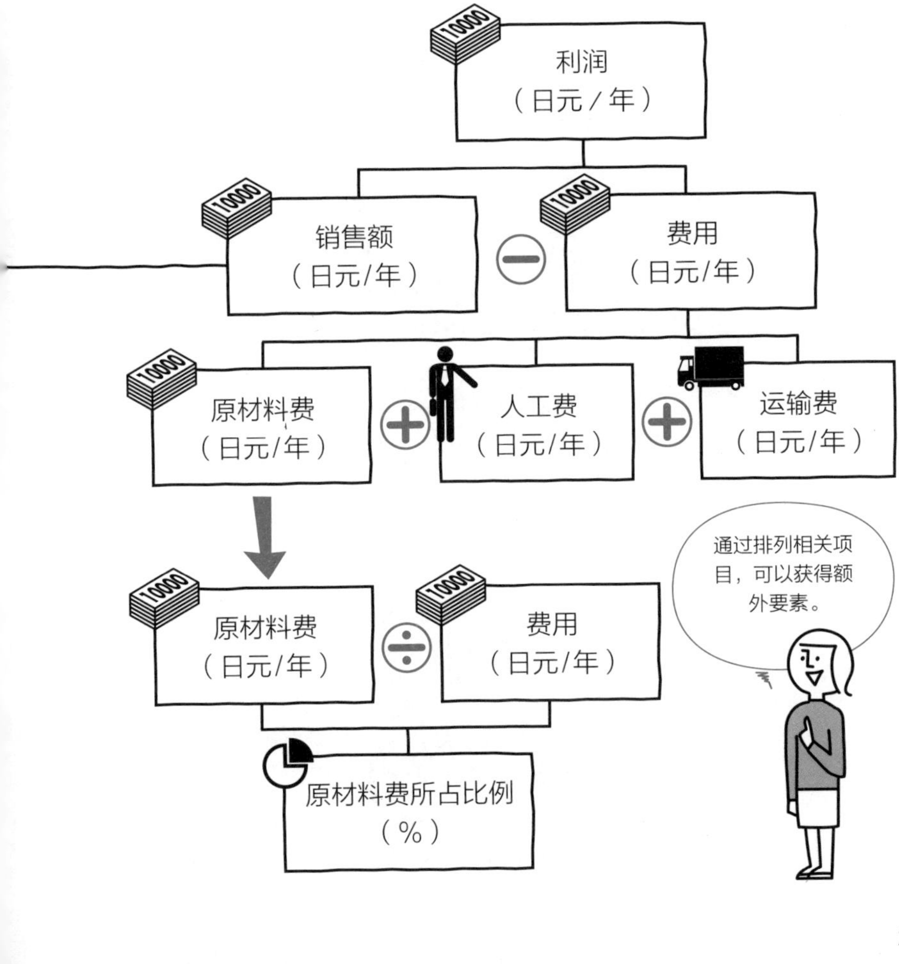

07 使用三段论法

把事实和性质判断结合起来的话，就会得出“如果 A 等于 B，B 等于 C，那么 A 也等于 C”这样的结论。

三段论是由两个性质判断作为前提，另一个性质判断作为结论组成的性质判断间接推理。例如，“苏格拉底是人”是第一个性质判断，“人一定会死亡”是第二个性质判断，那么我们就能得出作为结论的第三个性质判断——“苏格拉底一定会死亡”。只有当第二个性质判断涵盖的范围大于第一个性质判断的范围时，第三个性质判断才会成立。一旦各性质判断的前提条件出现偏差的话，三段论就无法成立。

把事实和性质判断结合起来的三段论法

例如，苏格拉底是个外星人或者只是一个大理石雕塑，那么是无法与第二个性质判断一起来推导出第三个性质判断的。另外，如果把第二个性质判断进行180度大转变，那么结论也会发生改变。例如，我们将第二个性质判断设定为“人都期盼着长生不老”，那么作为结论的第三个性质判断就变成——“苏格拉底也期盼着长生不老”。

隐形前提发生改变时，结果会完全相反

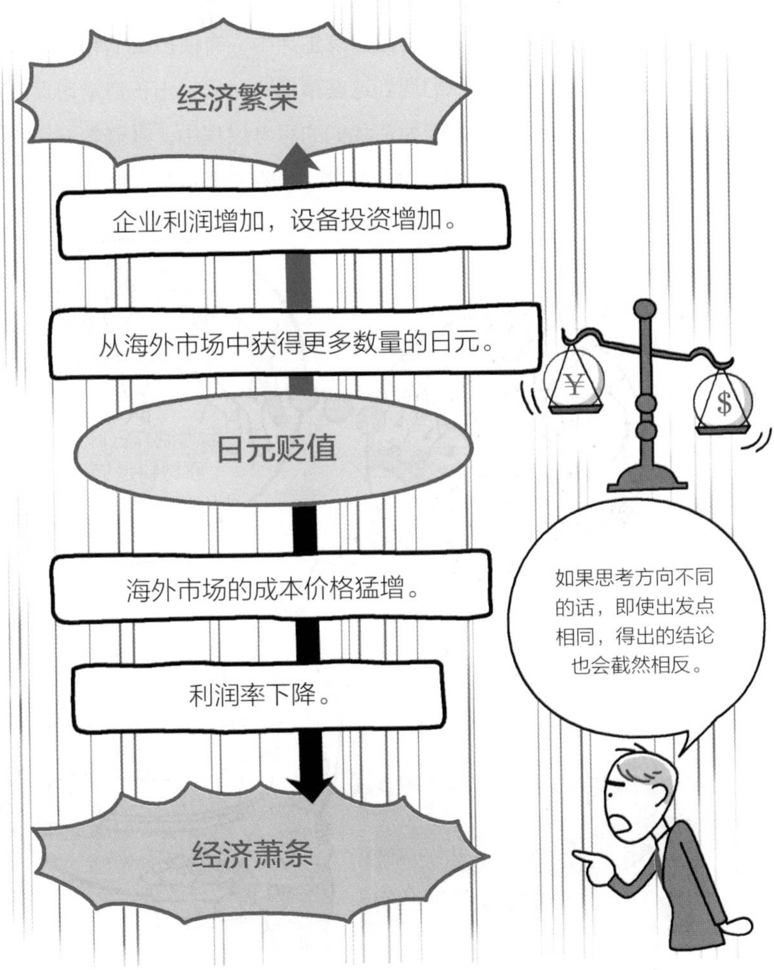

08 警惕逻辑的“黑匣子化”陷阱

如果忽视“黑匣子化”过程中的验证环节，就有可能对错误的结论不再存疑。

日本有句谚语：“如果刮大风，桶店就发财。”意思是大风刮来聚宝盆，比喻不切实际的幻想。在这句谚语中，把原本风马牛不相及的“原因”和“结果”联系在一起。其实在日常生活中，有很多事情和这句谚语所讲述的内容如出一辙。我们遇到这些事情的时候，出于日常习惯总是不假思索地加以接受。这是因为在我们的思考过程中，潜藏着一个陷阱——“黑匣子化”。我们自认为某些事物之间存在着因果关系，并且对

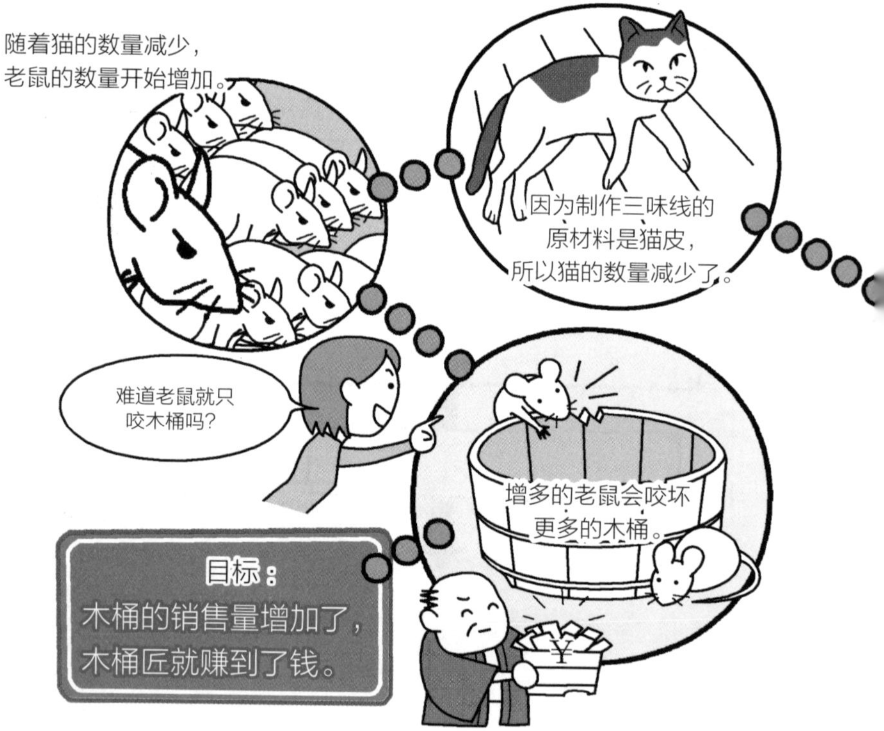

其不加以认真思索，直接肯定这种关系的存在。这样一来，我们就会忽略对逻辑问题点的验证，最终做出一个错误的决定。为了避免这种事态的发生，我们需要时刻注意在构建逻辑思维的过程中，需要精细地分析“过程”和“结论”之间的关系，排除暧昧模糊的“逻辑”，构建起一个简单明了、不容置疑的逻辑体系。

“黑匣子”所隐藏的事物本质是否合理

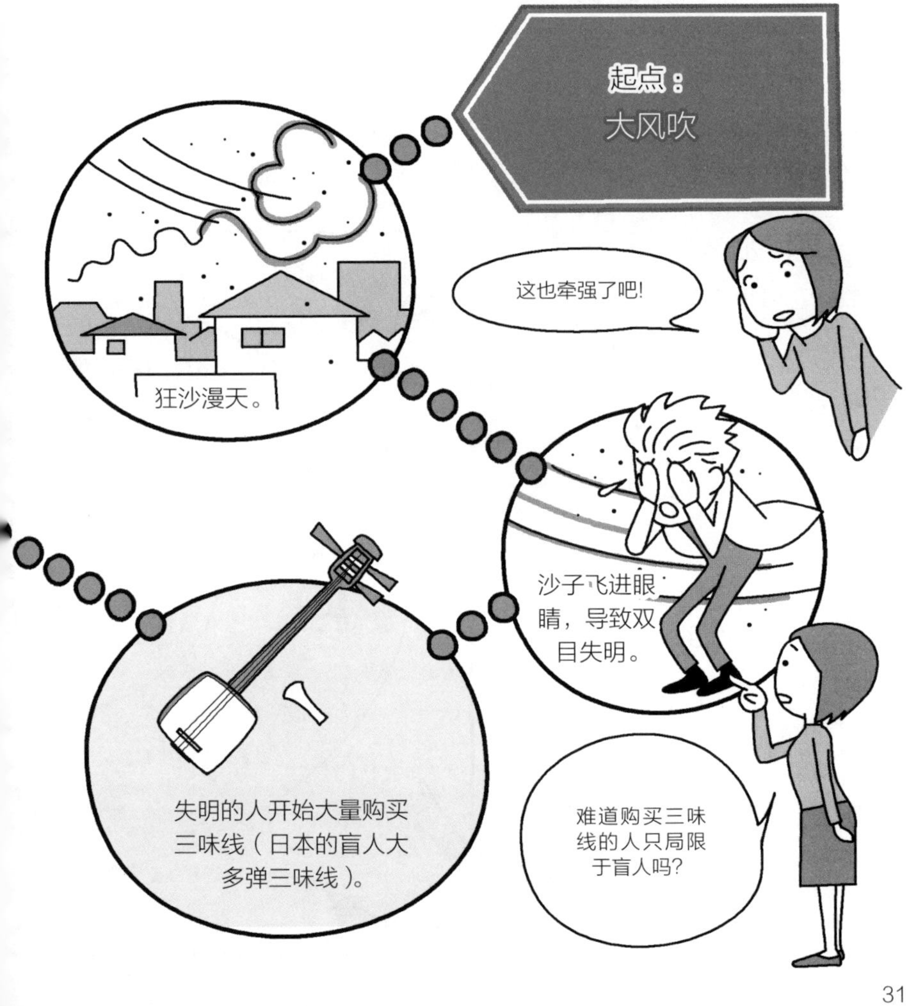

09 利用“反向”“内面”“对偶”等法则检查逻辑思路

如果我们尝试从其他角度重新审视构成逻辑的各项要素，就能意识到逻辑瑕疵和弱点所在，从而发现新的课题。

当我们尝试从其他角度重新构建某一逻辑的时候，有“反向”“内面”和“对偶”等方法。我们假设“如果A那么B”是逻辑的“正向表述”，那么“如果B那么A”就是“反向表述”。同理，“如果非A那么非B”是“内面表述”，“如果非B那么非A ”则是“对偶表述”。在逻辑的“正向表述”中，我们可以认为B的外延较A更广，并且A是B的一部分。这样一来，“对偶表述”也就无条件成立。但是在“反向表述”和“内面表述”中，

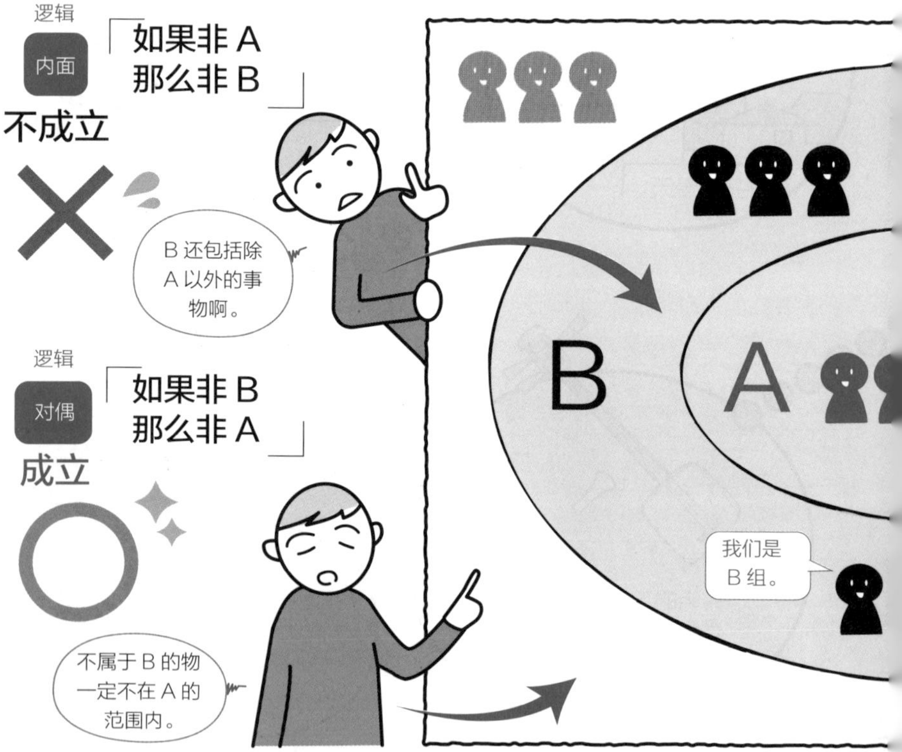

B的范畴内包含了A范畴之外的事项，所以会出现结论不成立的情况。但是我们在商务场合应用三段论法的时候，总是会无意识地通过“反向”和“内面”方法构建出错误的推理模式。因此，很多时候我们并不能得到想要的结论。这个时候，我们就需要运用“反向”“内面”和“对偶”等方法对某个推论做出审视。

运用“正向”“反向”“内面”和“对偶”检验逻辑

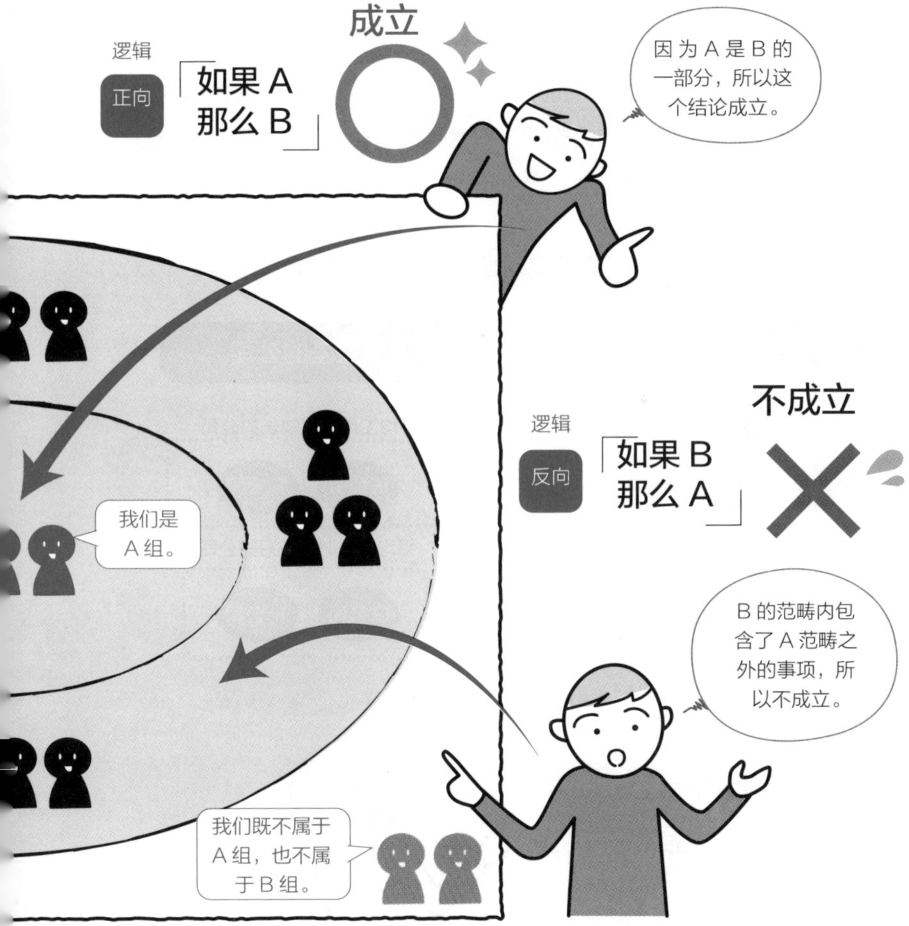

10 关注逻辑之外的情况，更为熟练地使用归纳法

虽然运用归纳法从具体事例中得出的结论很容易得到大家的认同，但是我们不应该满足于此，应该学会运用反证法来追求更多的可能性。

我们通过列举大量属于“因为A所以B”这一模式的具体事例会得出一个总体结论（因为A所以B）。这种推理过程就是归纳法（参见P4）。例如，下图中所示的“工作时间较长的公司效益很好”这一结论就是通过归纳法求证得出的。以一系列经验事物或知识素材为依据，寻找出其服从的基本规律或共同规律的时候，归纳法的确是一个非常有用的方法，但是我们也不能忽略它的弊端。那就是当出现反例（►P39）的时候，归纳法的作用就会被削弱。

有意识地关注逻辑对象之外的其他要素

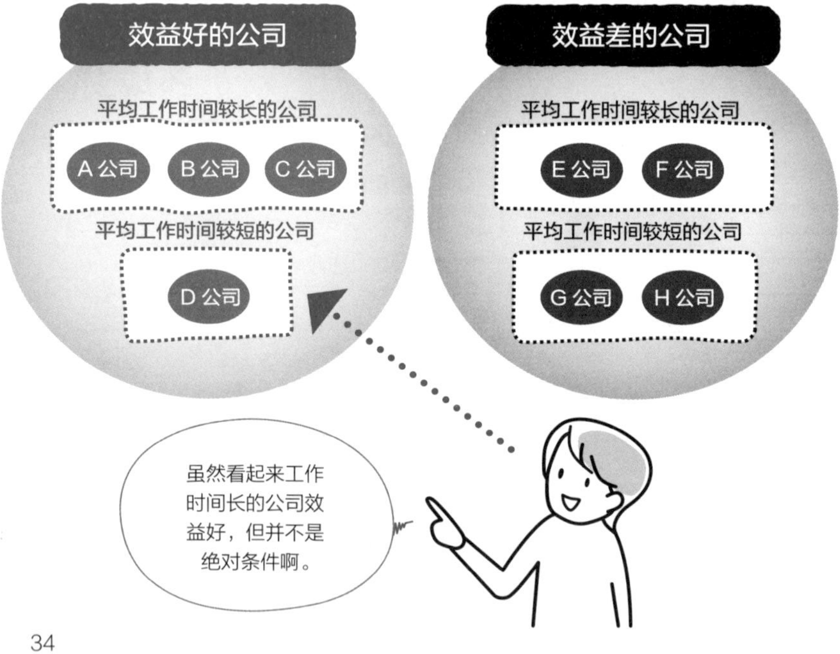

例如，如果某个公司工作时间很长，但是效率很低，那么该公司的效益也不会很好。这并不是要否认工作时长的作用，而是要阐明“并不是只要工作时间长，公司效益就一定好”这一事实。更有甚者，如果某公司不但上班时间短，而且效益好的话，那么工作时长就有可能不再是值得我们讨论的第一对象了。换言之，通过积极探讨评价对象之外的其他基准，有利于得出更具有说服力的理论。

不符合设定条件的项目也应当深入探究

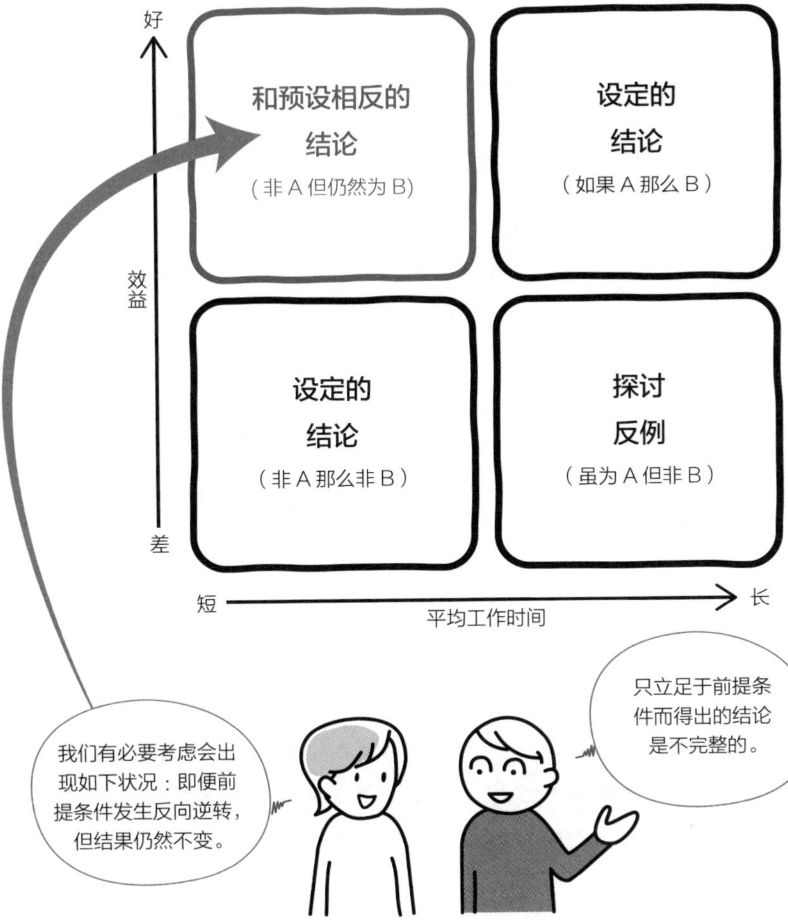

11 对抽样调查偏差所造成的偏见保持警惕

为了更加精确地把握市场动态，我们需要时刻留意不能将某个畸轻畸重的事物作为抽样调查的对象，否则无法全面把握整体。

日常生活中我们都会经常用到闻一知十、举一反三、触类旁通等词语。但是如果我们从某个市场样本（▶P39）出发试图把握市场整体动向和趋势的话，不得不说这是一个“坏招儿”。从统计学的角度来讲，如果想要得出某个让人信服的结论，就必须达到样本要求的最低限度。如果不能满足这个最低限度，只会得出一个错误的调查结果。

时刻注意抽样调查对象是否存在偏差

结论① 日本的经济状况在好转。

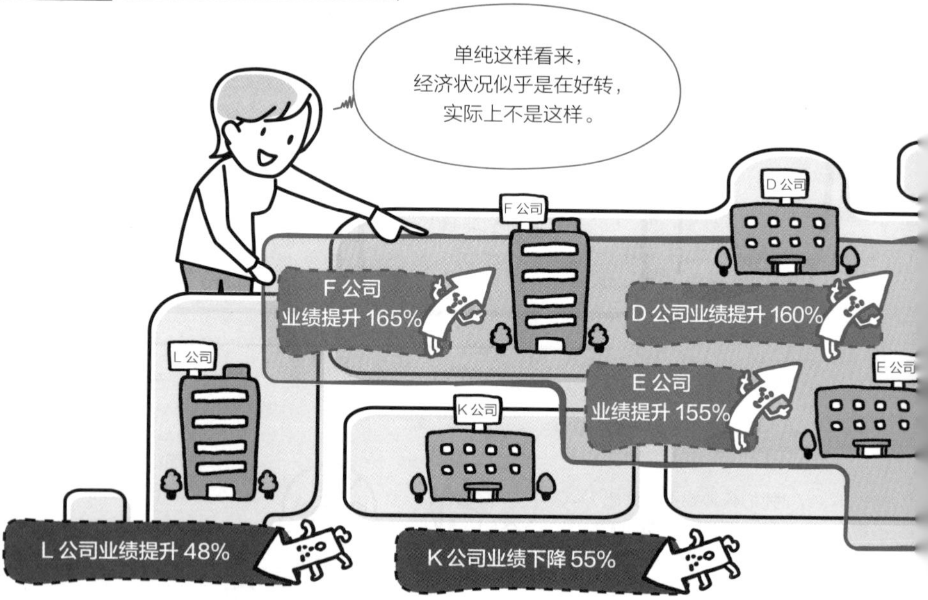

例如，我们在分析日本国内企业销售情况的时候，选择将首都圈[①]范围内的大企业作为调查样本，抑或是选择将地方中小企业作为调查对象，其得出的结论一定大相径庭。一旦抽样调查的偏差诱发某种偏见，那么我们一定会做出错误的判断。这样一来，就会使某项计划落空。为此我们必须为如何根据目的设置抽样调查对象做出一个准确的判断。

结论② **大城市中的企业业绩在提升，小地方的企业业绩在下降。**

① 首都圈也称东京都市圈或东京圈，是日本三大都市圈之一。——译者注

专栏 2

什么是“逻辑树”

在这里，我们讨论一下“逻辑树”和“金字塔结构”这两个容易混淆的概念之间存在的区别。“逻辑树”指的是将问题的所有子问题分层罗列，从最高层开始，并逐步向下扩展为树状，以此来从逻辑的角度探求问题解决对策。而“金字塔结构”指的则是为了佐证某个主张的正确性，将主张和证据组合起来，构成一个整体的方法。

“逻辑树”和“金字塔结构”的差别

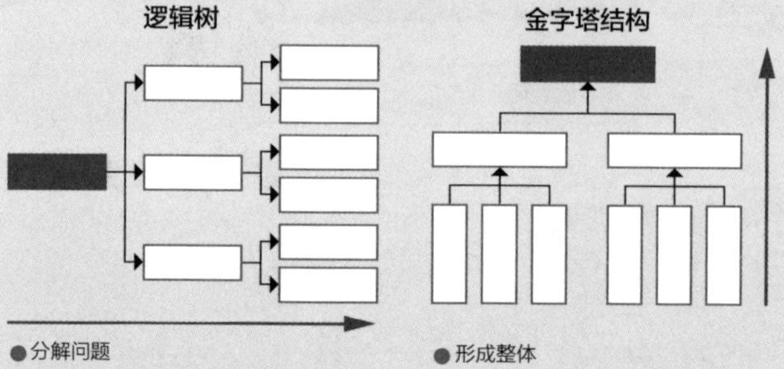

- 分解问题
- 用于探究和思考
- 上下层级为“总括和构成要素”的关系

- 形成整体
- 用于说明和说服
- 上下层级为“主张和依据”的关系

术语说明②

命名（P21）

命名，即起名，特指为了给消费者留下更为深刻的印象而给新产品和公司起名。命名在体现商品特征、引起顾客兴趣方面发挥着巨大作用。在产品营销战略中，它是销售负责人为之煞费苦心的要素，但是它对销售业绩的影响却因商品的特性和市场发展程度的不同而不同。例如，绿茶饮料界的著名品牌“伊藤园”研发的“**お**～**お**茶（好～好茶）”之所以取得巨大的销售成功，是和它的商品命名分不开的。这款“罐装绿茶”的原有商品名称是“罐装煎茶”，但是销路一直很差。直到1989年公司为该商品重新命名后向市场开始发行销售。在之前的名字“罐装煎茶”中，“煎茶”二字为很多人所不识，所以该品牌最终选择了重新命名。这样的命名不仅显得亲切、易懂、符合商品特性，而且还增加了幽默感。而这些要素本身对于商品命名而言是十分重要的。

附加价值（P21）

附加价值是指附加在某物（商品或产品等）之上的价值，指的是从某企业的总生产值中扣除从其他企业购入的原材料和燃料等一系列费用之后的剩余值。附加价值是该企业通过生产过程中的有效劳动创造出的新价值，等于工资、利息、地租和利润之和。哈佛商学院迈克尔·波特教授在他提出的“价值链”框架中，根据功能的不同对公司的生产活动进行了分类，从而分析了何种功能能够产生附加价值。

因数分解（P26）

因数分解指的是本来由加减形式来表示的算式写成几个约数相乘的形式，多用来将复杂的事情分解为简单的要素，从而使说明更为通俗易懂。

反例（P34）

反例是指可以佐证某一主张或学说不完全成立的事例。例如，能证明“p→q”是个伪命题的事例，都可以称为“p→q”的反例。

样本（P36）

样本，即样品、事例等，是指总体中抽取的所要考查的元素总称。在统计学中，样本指的是从总体中随机抽选出来的观察对象，也指由这些观察对象组成的整体系列。

公司

第3章

无重复、无遗漏地进行思考 [MECE（相互独立、完全穷尽）]

将事项分解后并对其进行思考的时候，MECE（相互独立、完全穷尽）是十分重要的。探讨事物本质的时候，如果出现遗漏或者重复，就无法得出正确的结论。

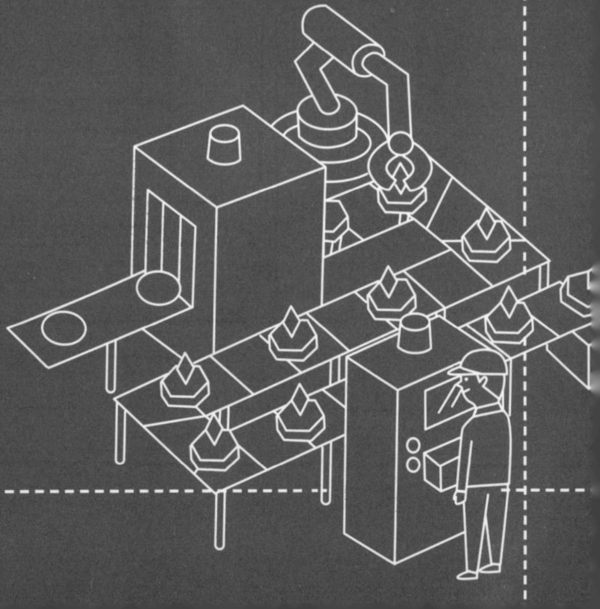

01 在事项分解过程中不可忽视的MECE（相互独立、完全穷尽）指的是什么

模糊不清的项目设定不仅会造成要素的出现，还会导致对要素的忽视。为了避免出现这种情况，我们需要做到俯瞰全局。

MECE（相互独立、完全穷尽）是“Mutually Exclusive，Collectively Exhaustive”的缩写，意为“相互独立、完全穷尽”。我们在思考新的计划和对策时候，有必要俯瞰整个作为研究对象的市场，并对其结构和需求做出精准的把握。但是，如果我们漫不经心地观察整体，随心所欲地整理和排列相关项目的话，就会造成排列项目的重复化，也会遗漏一些意想不到的要素。

将思路图形化有助于查找重叠部分

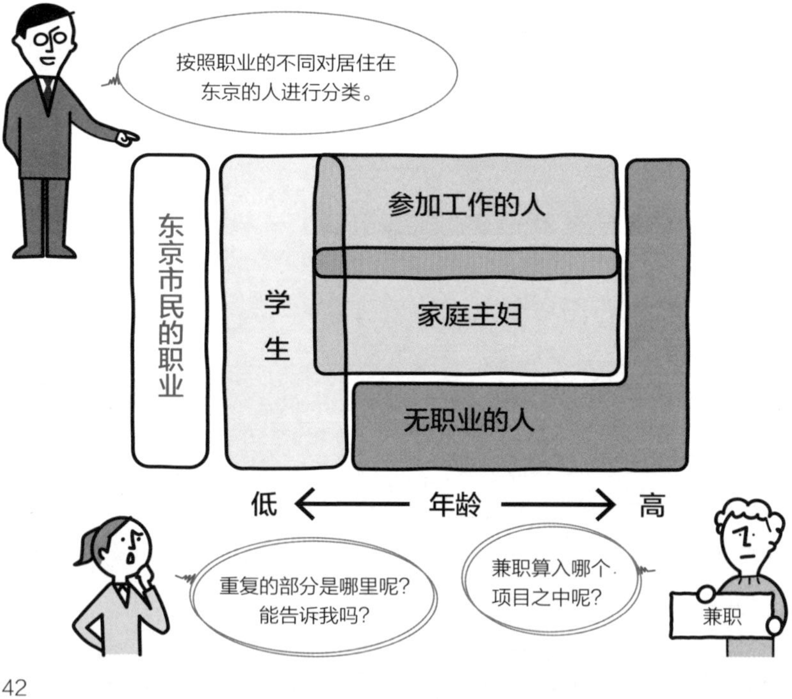

这样一来，之后得出的结论一定也会漏洞百出。我们应该认真考虑构成研究对象的要素有哪些，并且还要时刻注意不要出现重复和遗漏。只有这样我们才能在构建“金字塔结构”的时候准确地梳理必要项目，必要时还可以对这些项目进行删减和完善。

整理分类项目，明晰相关流程

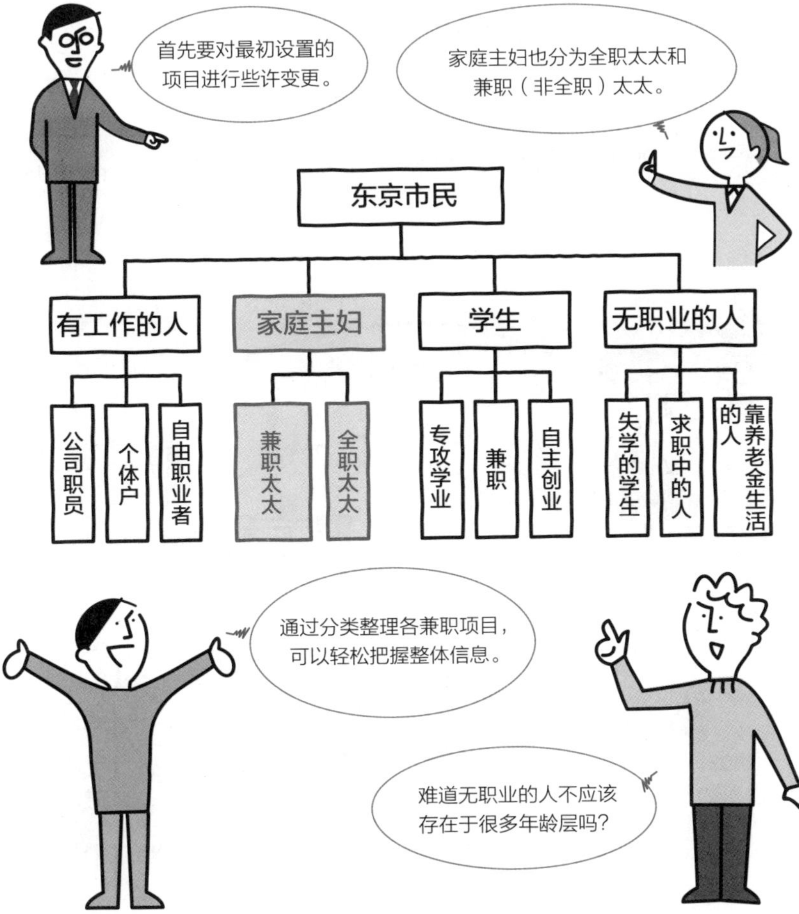

02 最大限度地掌握事物的范畴

事物的核心范畴及除此之外的其他要素都是我们必须探讨的内容，它们与市场的多边化（▶P63）和市场占比的扩大息息相关。

在一个企业之中，即便它的主轴服务业一直保持良好运作状态，但在制定与现行业务相关的新企划案的时候，哪怕它的服务项目众多，也未必一定会实现市场的多边化和市场占比的扩大。另外，企业还存在无法灵活应对环境变化的缺陷。

对于持续扩大的市场，企业该把握到何种程度

想要让事业发展具有可持续性，现存的核心范畴之外的其他要素也是我们必须关注的对象。例如，某个经营孩童用玩具和塑料模型的公司只把孩子作为销售客户的话，那么这个公司的市场就不再会有扩大空间了。如果该公司也可以研发出面向成人和老年人的商品的话，那么它的市场规模会一下子扩大许多。这样一来甚至可以打入海外市场，从而降低打入本国市场的海外企业争夺市场占比所带来的风险。

重点在于用广阔的视野去探索更多的可能性

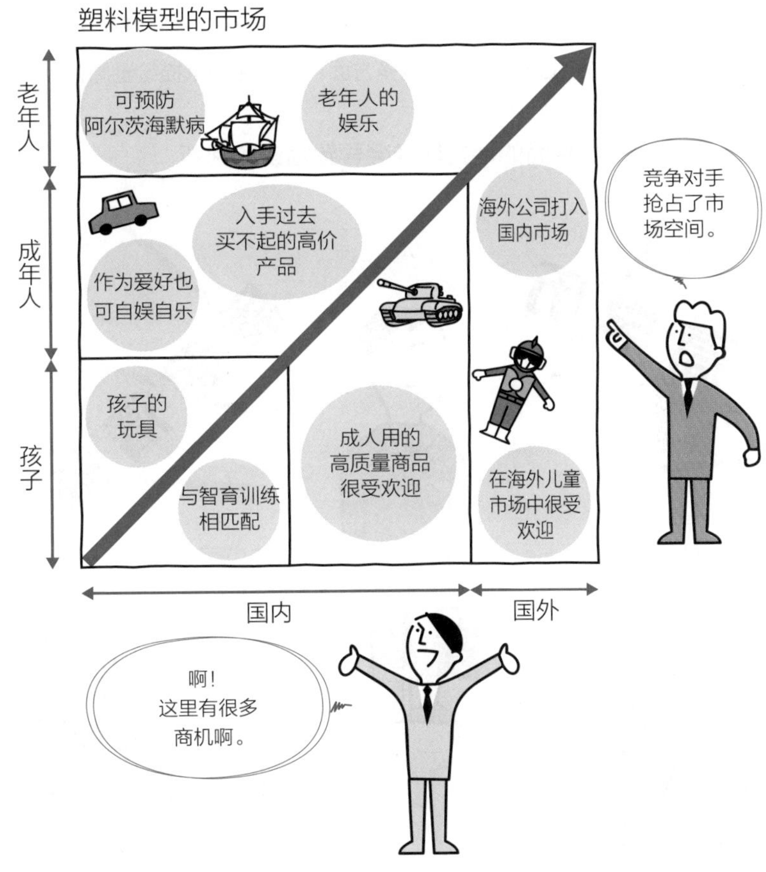

03 思考要素一旦出现遗漏，就会陷入“偏离主题”的泥沼

有失偏颇的情况预判和判断基准会导致思考要素出现遗漏。为此我们应当树立大局观，将各种各样的要素纳入考虑范围。

开发出一款多性能的产品固然重要，但是这绝不意味着它将会成为畅销产品。究其原因，是因为制作方一直坚信的“只要功能多，就能卖得好”的理念只不过是他们的一厢情愿而已。他们忽略了从“消费者真正需要什么”这一视点展开思考的必要性。一个成功的企业策划，一定是从前后、左右、上下等各个角度多方面、立体化地来描绘全局。

片面的评判标准会导致错误的判断

现在我们来设想一个准备录用新进人才小A的场景。最初设定的标准一定是学历和个人能力。但是除此之外，我们还有许许多多的要素需要考虑，比如“在公司中他能和上司、同事及下属建立良好的人际关系吗”“他能争取到什么样的客户呢”“如果他被其他公司录用的话，会对本公司造成多大的损失呢”“录用小A对他来讲是不是一件好事呢”等。

做出判断时要从前后、左右、上下等各个角度进行考虑

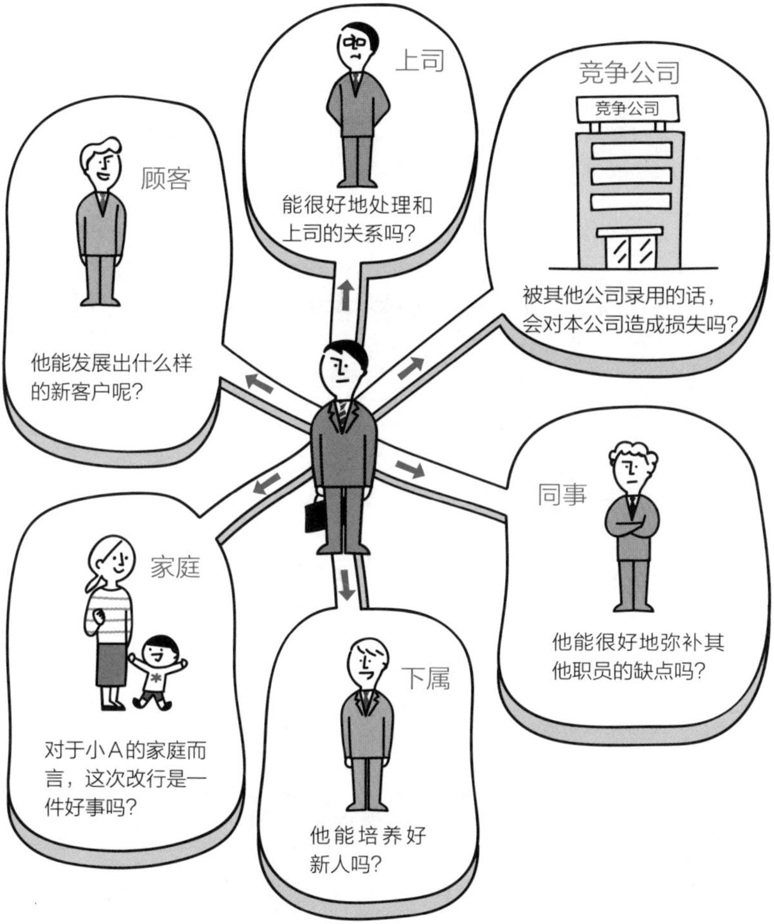

04 商务人员必须掌握的 MECE 框架结构①——3C 分析法

在制定经营战略或进行现状分析的时候，极具代表性的方法是3C 分析法和态势分析法（SWOT 分析法）。下面我们就这两种方法进行讨论。

所谓“3C”是取“Customer（市场、顾客），Competitor（竞争对手），Corporation（本公司）”这3个词语的首字母组合而成的。3C分析法是在全面掌握市场营销环境时会使用到的一种框架结构。其实，市场营销的本质就在于在众多方案中找到最有效率的办法，然后集中所有的资源投入到这个办法的实施之中，最后摸索构建出某个框架，以此来吸引顾客、促进销售额不断增长或者达到其他目的。而3C分析法就是市场营销的最佳伙伴。

通过3C分析法来发掘成功要素

当我们对3C的要素之一——本公司的现状进行分析的时候，能够发挥巨大作用的框架结构是态势分析法（SWOT分析法）（►P63）。“优势”（Strength）指的是公司的高科技能力等各种长处所在。“劣势”（Weakness）指的是公司的弱点所在。“机会”（Opportunity）指的是那些对于本公司而言能够带来商机的环境变化等外部因素。“威胁”（Threat）指的是使导致公司优势消失的外部环境变化或者竞争对手带来的危机。

对分析本公司情况十分有效的态势分析法（SWOT分析法）

有许多经验丰富、操作熟练的工作人员；居住氛围很好。

新进员工的教育不到位，服务质量不断下降。

由于少子老龄化和小家庭化［仅仅是夫妻，或者是夫妻（单亲）与未婚的子女所构成的家庭］趋势的加剧，护理设施的需求不断增加。

从事相同行业的对手越来越多，竞争日趋激烈。

小专栏

SWOT交叉分析

将外部环境要素（机会、威胁）和内部环境要素（优势、劣势）这4个要素进行组合，从而为市场营销战略找到出路。这种框架结构分析被称为SWOT交叉分析。

05 商务人员必须掌握的MECE框架结构②—— PPM（产品结构组合分析法）

经营众多产业的公司在决定该如何分配企业资金的时候，经常使用的分析法为 PPM（产品结构组合分析法）。它是一种十分有效的投资方法。

“PPM”是Product、Portfolio（投资组合）（►P63）和 Method的缩写。“PPM”是波士顿咨询公司（►P63）在20世纪20年代提出的一个经营策略，其目的是“最合理地分配经营资源”（►P63）。它作为一个框架结构，其实施过程为先分析公司经营的多种产品和业务的组合及定位，然后从公司全局的角度出发来决定管理资源的最佳分配方式。

在企业资金分配中发挥重要作用的PPM分析法

企业经营的产品和业务可以分为以下4类：①问题业务（从战略上必须要重新修改的业务）；②明星业务（迅速发展且有前途的业务）；③金牛业务（安定发展且有前途的业务）；④瘦狗业务（必须快速撤退的业务）。这种分类对企业战略分析十分有用。其中，最基本的思路是将金牛业务获得的盈利投入到问题业务的整改之中，从而使其成为明星业务。

06 商务人员必须掌握的 MECE 框架结构③——价值链

价值链是一种分析企业在各活动阶段中产生多少价值的框架结构分析法。

按照职能不同将企业经营活动进行分类，明晰各部分产生了多少附加价值，据此来与竞争对手进行比较，分析本公司的优势和劣势所在，从而进一步提高企业战略的有效性、探明公司的发展方向，这种框架结构被称为价值链。换言之，我们不能单纯地将原材料和零件的调配、商品制造和加工、出库运输、市场策略、商品营销、顾客反馈等一系列活动看作单个项目的集合体，而应将其看成是价值（Value）的链条（Chain）。

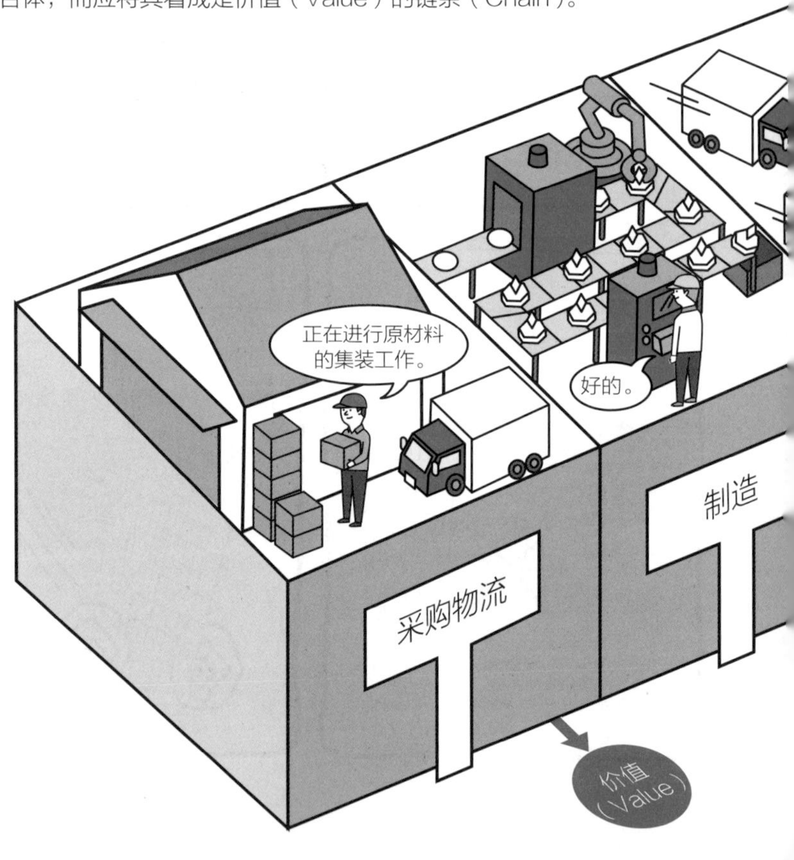

对本公司进行价值链分析，可以准确把握各阶段内产生的附加价值和平衡度，从而与竞争对手进行比较，明晰本公司的优势和劣势所在。

价值链把各阶段的附加值连接起来

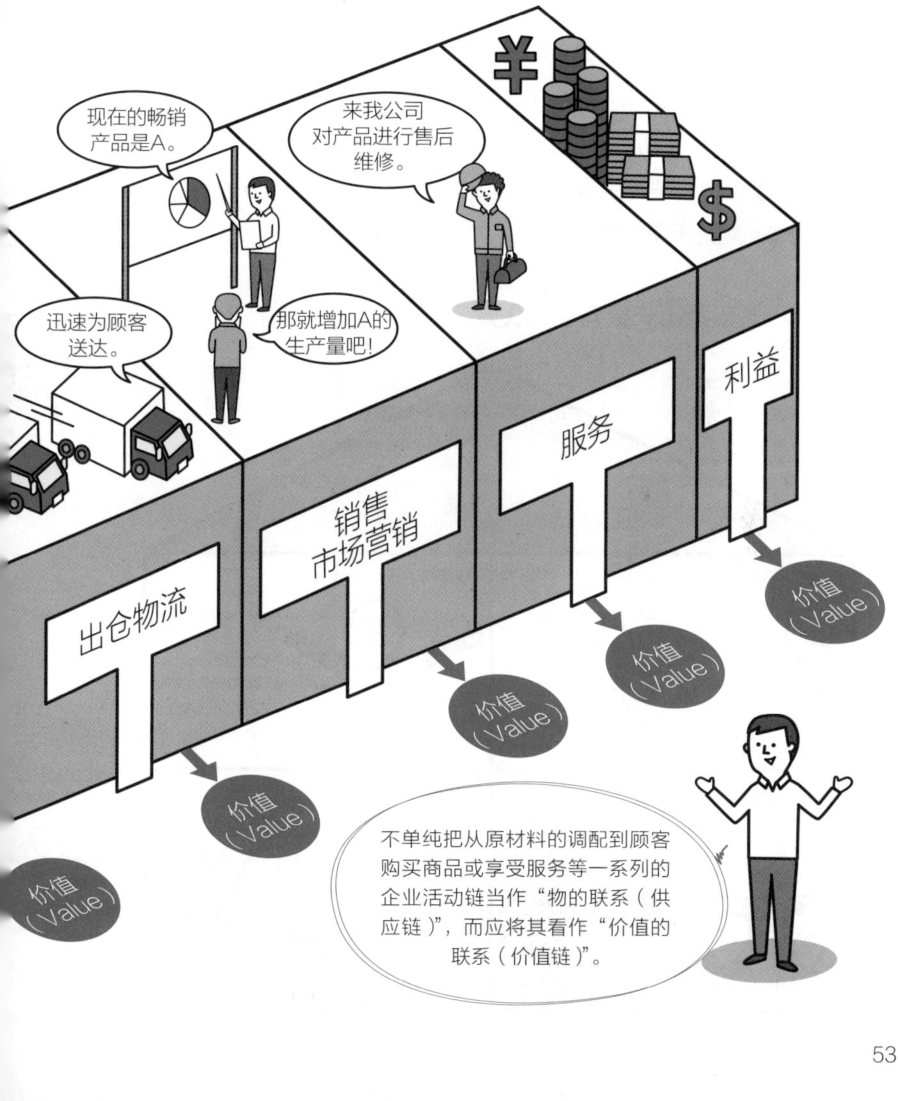

07 商务人员必须掌握的MECE框架结构④——发现问题的“4P”法

在发掘企业所存在的问题时，经常会用到的一个框架分析法就是发现问题的“4P”法。这个方法可以使得问题的轮廓更为清晰。

发现问题的“4P”法指的是在发现和理解问题的时候必须要考虑的4个要素，它们分别是：Purpose（目的）、Position（立场）、Perspective（空间）和Period（时间）。“Purpose”指的是要明确目的。“Position”指的是要明确该问题是针对谁而言的。“Perspective”作为一个检查要点，需要考量思考范围够不够广。最后的“Period”指的是要明确问题处于哪个时间段。

关于董事长经营公司失败原因的“4P”分析

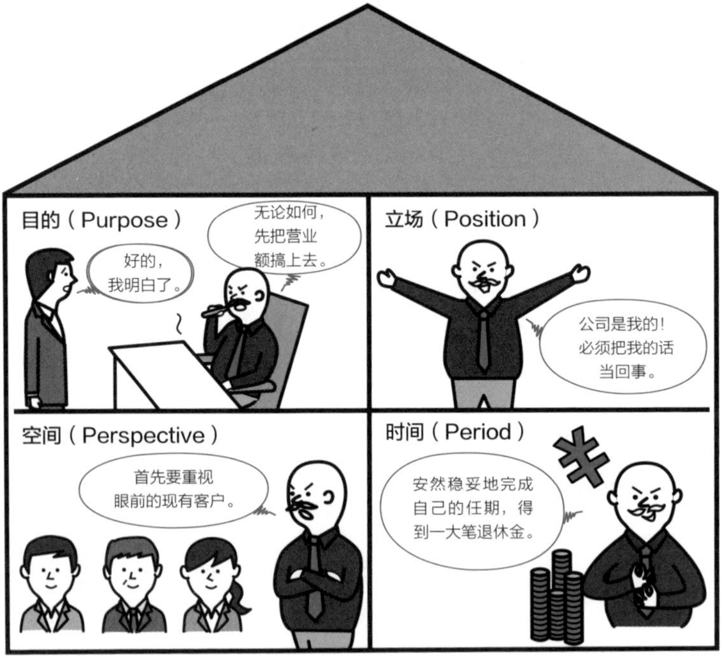

例如，我们来考虑一下董事长的问题意识。假设董事长把公司管理得一塌糊涂，那么我们可以尝试按照这4个要素分析一下他的问题所在：①“目的”：达成销售目标；②“立场”：个人独断；③“空间”：视野范围内只有眼前的客户；④“时间”：从时间轴来看只考虑自己任期内的业务。这样的董事长管理的公司一定会被市场所淘汰。

关于董事长妥善经营公司的“4P”分析

小专栏

市场营销的“4P”

市场营销中的“4P”指的是：Product（产品、商品），Price（价格），Promotion（促销），Place（地点）这4个要素。

08 利用“时间轴”和“空间轴”把握事物整体表象

通过从时间和空间的延展过程中把握市场和市场的生命周期，可以设想出今后的发展途径。

如果我们把某个图表的横轴设定为“时间”，纵轴设定为“空间”的话，那么这个图表可以用来表现所有事项。这一概念也经常被应用到商务领域。比如，我们可以把事业的进展情况分为“导入期”“成长期”“成熟期”和“衰退期”这4个阶段。如果有什么热点引起世界性变动，那么，我们必须要彻底了解该热点发展到哪个阶段。这一点非常重要。如

把握进展整体流程的双轴设想

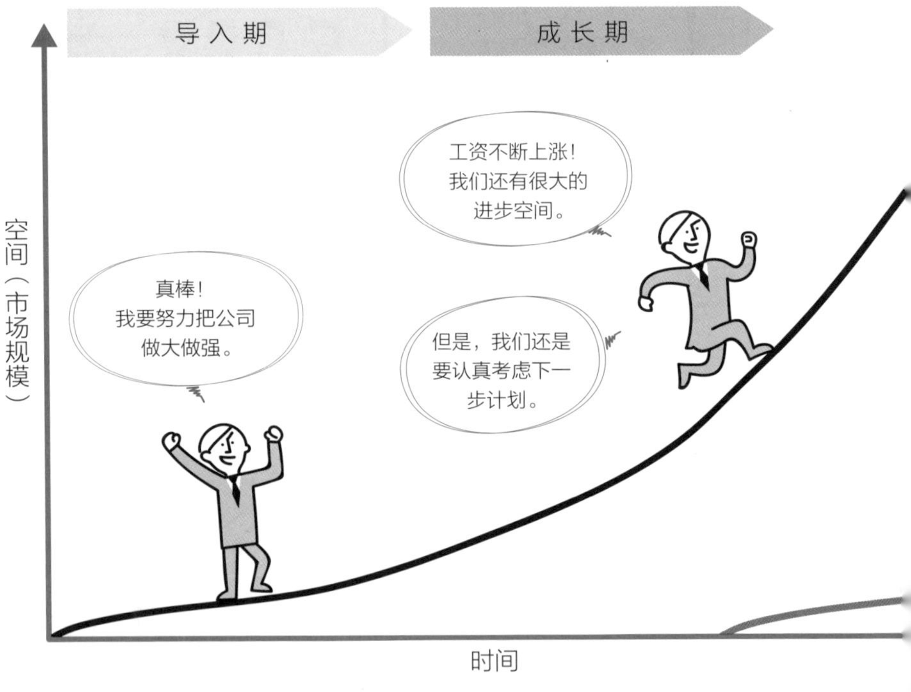

果该热点尚处于“导入期”或者“成长期”，此时加大设备投资极有可能会获得巨大利润。但是如果该热点已经进入“成熟期”或者“衰退期”，我们就需要着眼于下一个热点，着手于新的企业策划。这种方法同样适用于风险管理。例如，当世界性金融危机发生的时候，我们只有有针对性地去分析个别案例发展到何种阶段，才能有的放矢地思考对策。

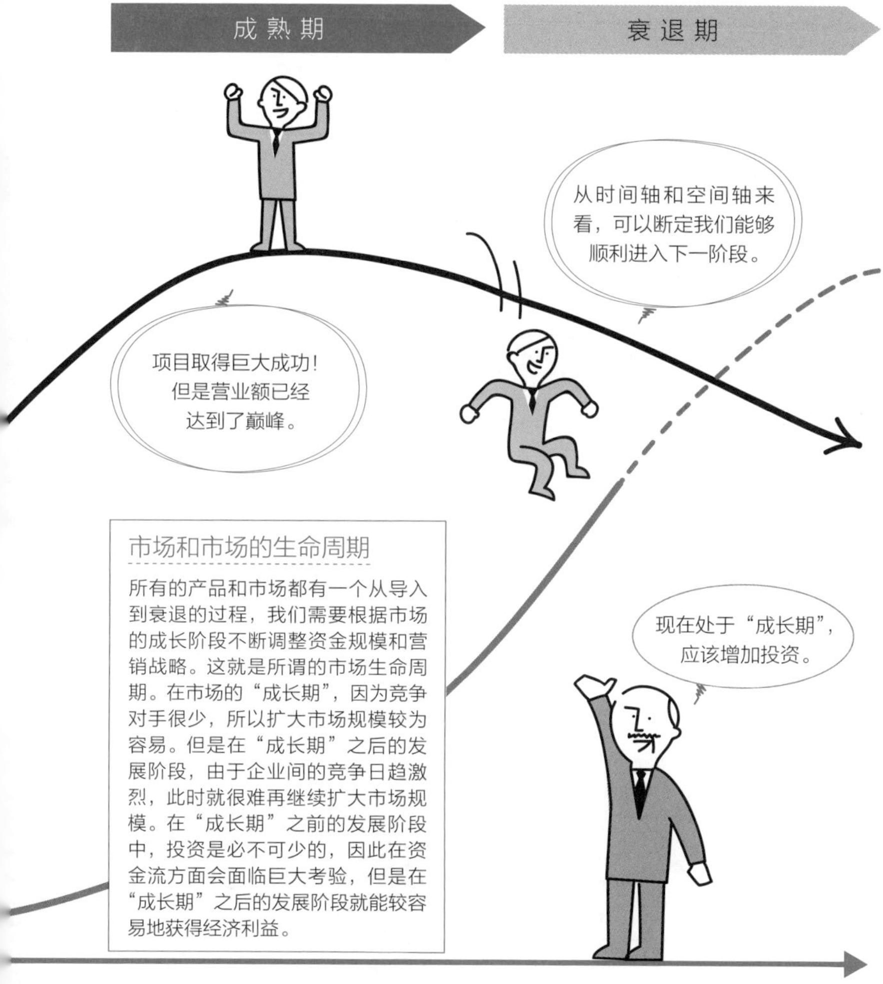

市场和市场的生命周期

所有的产品和市场都有一个从导入到衰退的过程，我们需要根据市场的成长阶段不断调整资金规模和营销战略。这就是所谓的市场生命周期。在市场的“成长期”，因为竞争对手很少，所以扩大市场规模较为容易。但是在“成长期”之后的发展阶段，由于企业间的竞争日趋激烈，此时就很难再继续扩大市场规模。在“成长期”之前的发展阶段中，投资是必不可少的，因此在资金流方面会面临巨大考验，但是在“成长期”之后的发展阶段就能较容易地获得经济利益。

09 减少手续，提高效率

目的一旦明确，就可以减少手续，简化流程，从而进军新课题、提高水平。

本公司的业绩令人不满意的时候，我们有必要从多个角度来思考问题所在及解决办法。如果在分析阶段我们不能明确目的，那么得出的分析数据和解决对策就毫无重点，繁杂无用的手续也就变得多了起来。首先，我们有必要在最初阶段设定一个简单目标，然后找出实现该目标的最短途径。

工作的重复会导致效率下降

例如，我们在准备考试的学习阶段需要掌握很多数学公式。如果我们只是把这些公式写在笔记本上，之后背诵公式，然后再套用公式做练习题，那无异于浪费时间。如果我们能设定“熟练使用公式”这一目标，那么我们就能压缩解答问题前的过程。如果能空出更多时间，那么我们可以进军到解决更高层次难题的阶段。

尝试退一步来探寻整体目标

10 灵活运用 MECE 进行信息处理（分类）

当我们为该如何整理相关项目烦恼的时候，可以采用自上而下的模式对各要素进行分类。

当我们准备采用“金字塔结构”去分析某个问题的时候，很多人要直面这样一个问题——不知道该如何对各类要素进行分类。此时我们应该按照自己的思绪将所有具体的问题点写出来，然后根据一定的共同特征将其分为若干组。这样一来我们就可以追溯到最初的起点。

只将各要素写出来是不能解决问题的

这种自上而下式的整理方法是由一名叫川喜田二郎的人提出的，所以这种方法也被称为“KJ法”（因为川喜田二郎的英文译名为“Jiro Kawakita”，选其首字母组成该名称。另外，按照“川喜田二郎”的本来顺序，应该译为“Kawakita Jiro”，但是按照英文译法，先翻译名后翻译姓，故译成“Jiro Kawakita”。但是在将该方法命名为“KJ法”时，仍然采取了“Kawakita Jiro”的词序）。当我们分析销售额停滞不前的原因时，可以将列举出来的若干个要素大致分为“与商品相关的事项”“与价格相关的事项”“与渠道（流通途径）相关的事项”和“与促销相关的事项”等几大板块。这样可以清晰地观察和分析构成问题的各个要素，从而找出探讨解决对策的方向。

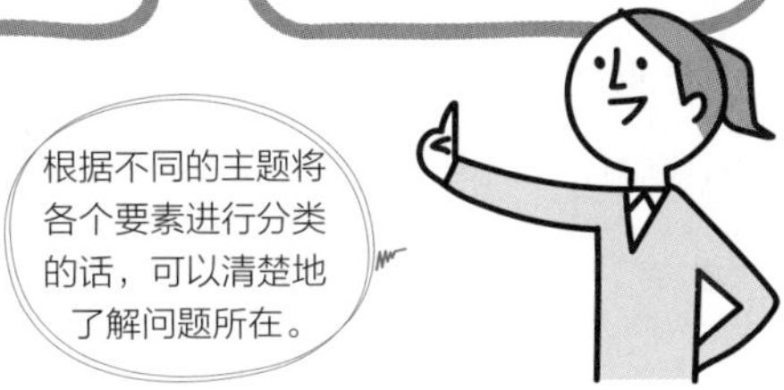

专栏 3

利用Nassi Shneiderman图（简称“NS图”或“盒图”）来实现“无遗漏思考”

在计算机编程方法中有一种叫作NS图的可视化建模法。NS图和流程图大体上都基于同样的逻辑思维方法。但是，NS图与流程图又有所不同，它的逻辑思维范围只限于一种类似于四边形的范围结构之中，所以很难出现遗漏。因此它也被认为是效率更高的逻辑思维方法。

下面我们举个例子来简单论述一下。假设你现在向上司提交了一个策划案，然后我们尝试用NS图来分析一下接下来的过程。首先应该关注这个策划案是否能够获得上司的同意。如果通过了，那么就按照原定计划逐步推动策划案的实施。但是如果没有得到上司的认可，那么我们就要询问没有通过的理由。例如，我们可以向上司询问是否思路本身有问题。如果得到“是”的回答，那么我们需要重新调整思路，设计出新的策划方案。如果上司回答“不是”，我们需要进一步对策划案没有通过的原因进行询问。这次我们可以询问是不是因为成本问题而使策划案没有通过。如果是，那么我们无须改变原策划案的主旨，只需要做好削减成本的预备案即可。如果我们得到否定回答，并且再也想不出其他可以询问的理由时，那就请上司为自己讲解问题所在。通过设计这样一个思维图，可以事先做好根据对方的回答来采取更有针对性对策的准备。

另外，如果由于问题较多而无法全部用一张NS图来体现的话，那么，我们在制作一张主图（RTN：常规图）之余，还可以设计辅助图。如果我们能够适当处理好辅助部分，那么制作NS图就变得轻松简单了。

术语说明③

多边化（P44）

多边化是经营学领域的专业用语，指的是将新商品和服务投入到主要营业项目以外的新领域之中，从而使企业得以发展的战略。在经济全球化的浪潮之中，顾客的需求也逐渐多元化。因此，企业运用多边化战略，开拓新的营利事业逐渐成为一种潮流。

态势分析法（SWOT分析法）（P49）

态势分析法是一种从多角度来分析本公司所处环境的框架分析法。上述概念中的“环境”包括政治、经济、技术创新、社会动向和顾客需求等外部环境以及本公司的资产、品牌影响力、价格和质量等内部环境。其分析方法为从正面积极影响和负面消极影响两个角度进行探讨，最终的目的为确定策略方针和营销战略、实现资源的优化配置。另外，之所以被称为SWOT分析法，是因为该名称是取“优势”（Strength）“劣势”（Weakness）“机会”（Opportunity）“威胁”（Threat）这4个词汇的首字母组合而成的。

Portfolio（投资组合）（P50）

Portfolio（投资组合）指的是企业或个人所拥有的各类金融资产的组合。当作为金融、投资用语使用的时候，指的是具体的运行商品（股票和投资信托等）的组合。本意指的是“文件夹”或“公文包”，由于在欧美国家都把资产的明细等资料保存在文件夹中，因而得名。除此之外，这个词还可以指摄影师或设计师将自己的作品整理在一起的作品集。

波士顿咨询公司（P50）

波士顿咨询公司是由布鲁斯·亨德森等人共同创立的咨询公司，其总部设在美国。该公司在世界各地均设立工作室，大概拥有2万名员工，作为全球化战略系统的咨询公司而闻名。在全球前500强的公司中，约有2/3是波士顿咨询公司的服务对象，为此它是可以和麦肯锡咨询公司相媲美的咨询公司。目前，该公司正在着力于“经验曲线”和“PPM分析”经验概念的开发工作。

经营资源（P50）

公司能够使用包括人、财、物、信息、时间和知识产权等在内的所有资产。通过“PPM分析”将这些资源合理地分派到“问题产品”或者“明星产品”上，可以事先最高效、最合理地经营。

公司

第 4 章

用于解决问题的逻辑思维

在商务领域，正确把握结论和导出该结论的事项之间的关系十分重要。另外，其主要技巧为解决好“So what”（那又怎么样）和“Why so”（为什么这样）这两个问题。

01 正确认识“合理的目标”和“现状”之间的差距所在并设定问题

如果不能根据现状设定合适的差距，会导致某些不贴合实际、无法实现的“合理的目标”出现，从而引起状况恶化吗？

无论是商务领域还是体育领域，都在不停地努力消除现状和合理的目标之间的差距。比如，想要将营业额提升到150%或者将100米快跑的时间从15秒缩短至14秒。

现状和合理目标之间的差距是问题所在

如果错误地设定现状和合理的目标的话，我们的逻辑思路就会立刻出现问题。比如，我们将100米快跑的合理的目标设定为7秒。事实上这是一个无法消除的差距。但是在实际生活中，我们经常会不假思索地去验证某些错误的设定，之后得出一个脱离实际的、看似正确，但实际并非如此的回答。如果我们不能意识到这种错误的话，只会使状况持续恶化，所以我们必须积极地设定合理的目标。

设定可实现范围内的合理的目标

要点

假设我们想将100米快跑的时间从15秒缩短至14.8秒，这种目标很容易就能实现，但是实际意义也并不大。只有那些既遵循适度原则又保证难易度适合的目标才可以被认为是理想的问题设定。

02 解决问题的技巧在于学会从“What”（应该做什么）向“How”（如何去做）转变

最先考虑“What”，然后再考虑“How”，这是设定合理目标时重要的思路。

依据现状设定的合理目标是决定成效能够提高的指标之一。为此，我们不能忽视它。那么，我们应该依据何种思维模式来构建合理的目标呢？这时我们就需要正确处理“What”（应该做什么）和“How”（如何

如果从一开始就思考“How”，那么目标的价值会降低

去做）之间的关系。但是有些人总是会在最开始的时候就考虑“How”（如何去做），这是一个常见的错误思维模式。这样一来，我们就只能依据现状来进行可实现范围内的设想，最终的结果也只是设定了某个非常容易实现的目标。作为一种成果来讲，其价值是非常低的。但是如果从一开始就认真设定“What”（应该做什么）的话，就会为了实现这一目标而力求精准地构建“How”的体系，甚至有可能会发现迄今为止不曾想过的“How”。可见从“What”向“How”的转变过程具有十分重要的意义。

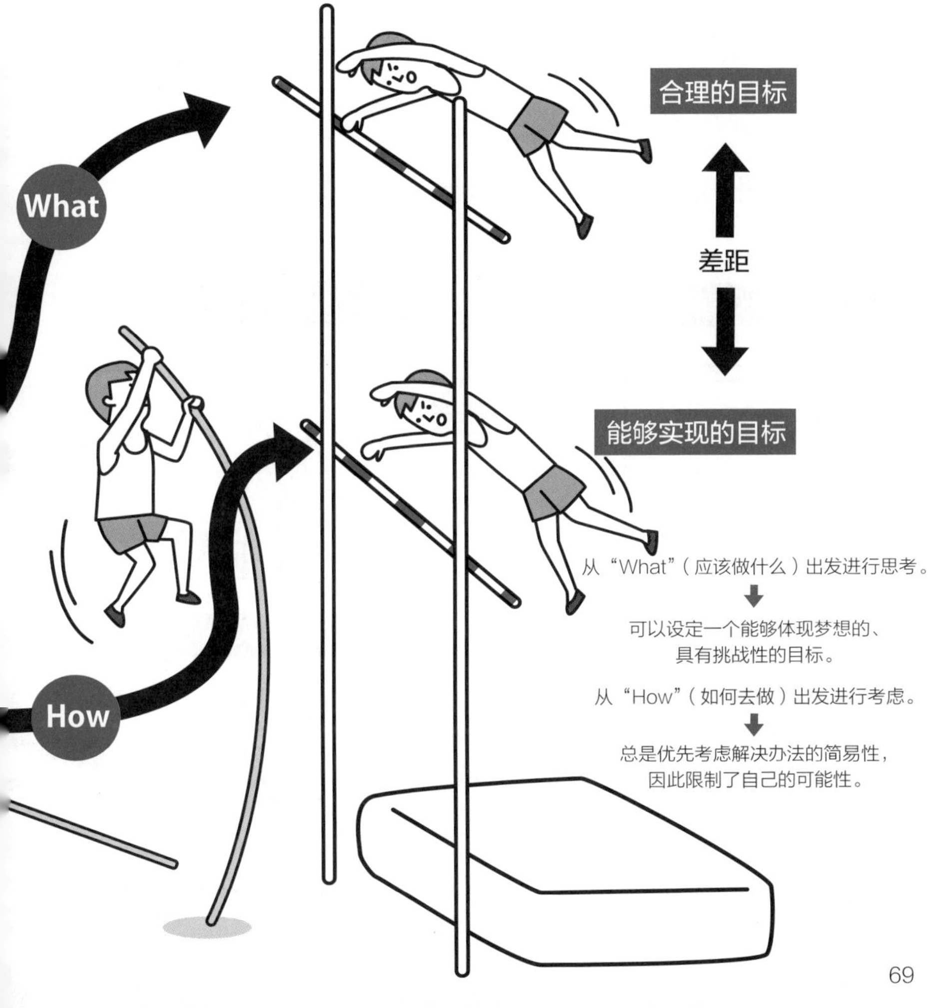

03 明确思考问题的“主语”

一旦某个现象或者立场发生变化的话，我们的看法也会随之发生变化。我们在分析问题的时候需要时刻注意问题点的主语是什么，这样才能得出有效的解决对策。

假设我们现在遇到了不得不解决的问题。但是我们在寻找解决对策的时候，发现如果不能探求到问题的本质，就只能得到南辕北辙的解决方法。其实，这里所说的“问题的本质”指的就是“主语”。比如，长期持续的低息政策（►P97）对于那些需要还房贷的白领阶层而言是难得的好事，但是对于资本家而言却会带来利息收入减少的难题。

主语一旦发生变化，意思也会发生180度大转变

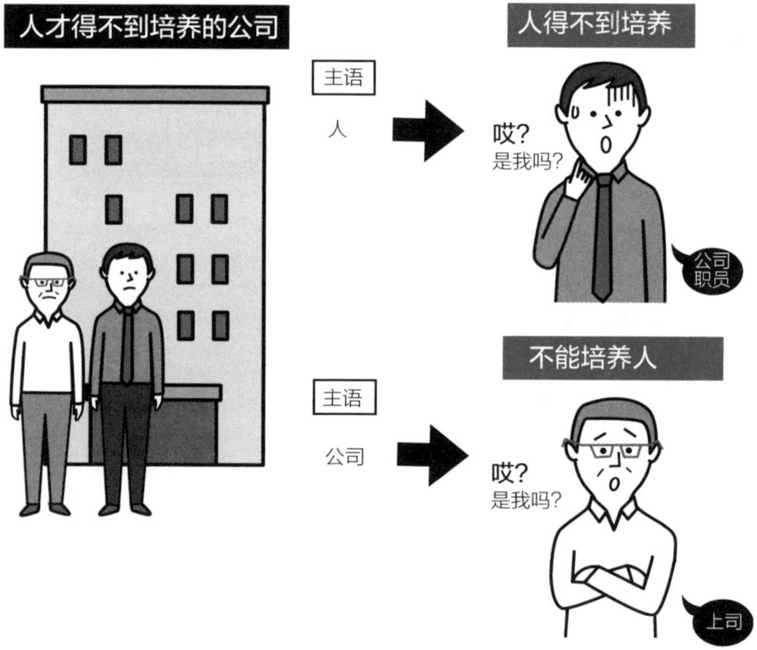

即便是对同一现象的解释也会随着“主语”设定的改变而大相径庭。但是，如果我们只是漫不经心地胡乱将问题语言化，那么会发现有很多事件中是不存在“主语”的。这样一来，即便是我们想要构建“金字塔结构”，也无法找到合适的切入点。为此我们在设定项目的时候，需要时刻明白问题点在哪里，也要明白是站在谁的立场上才将其当作“问题”的。

尝试改变录用模式

改变人才培养办法

04 运用 80/20 法则

如果我们不能谋求 100% 的成果，那么我们可以利用 20% 的劳动力来获得 80% 的成果。这其实也是一种价值的体现。

80/20法则又称为“二八定律”。比如，占据营业额80%的是产品中质量较好的20%的部分。想要获得80分比较容易，但是如果要获得100分就要付出成倍的努力。

通过20%的要素可以获得80%的效果

换言之，只要付出两成的努力就可以获得八成的效果。但是，逆向来看的话，正因为只要抓住作为重要部分的20%就可以获得80%的效果，所以，如果要获得剩下的20%效果就要付出80%的劳动力。这样看来投资回报率（►P97）是非常低的。与其这样做，还不如将剩余的80%的资源分配到其他领域，这样会带来更高的产业效能。特别是在商务界，很多事情不像学术研究要追求完美，不一定必须做到尽善尽美。为了能够更为迅速地提高生产效率，我们有必要对其进行慎重的判断。

05 追溯正确答案的关键在于设定"假说"

通过设定"假说"可以确定探讨的对象，通过反复验证可以更正错误或者构建新的主题。

"假说"也可被称为"当时的目标或结论"。首先我们先明确某个目标或结论，并以此为起点开始搜集信息。之后我们以得出的数据为基础，重新设定更为精准的目标或结论。比如，我们现在设定这样一个假说——收购日本的X公司，然后打入中国市场并发展Y产业。

只要确定"假说"，就可以展开具体的分析

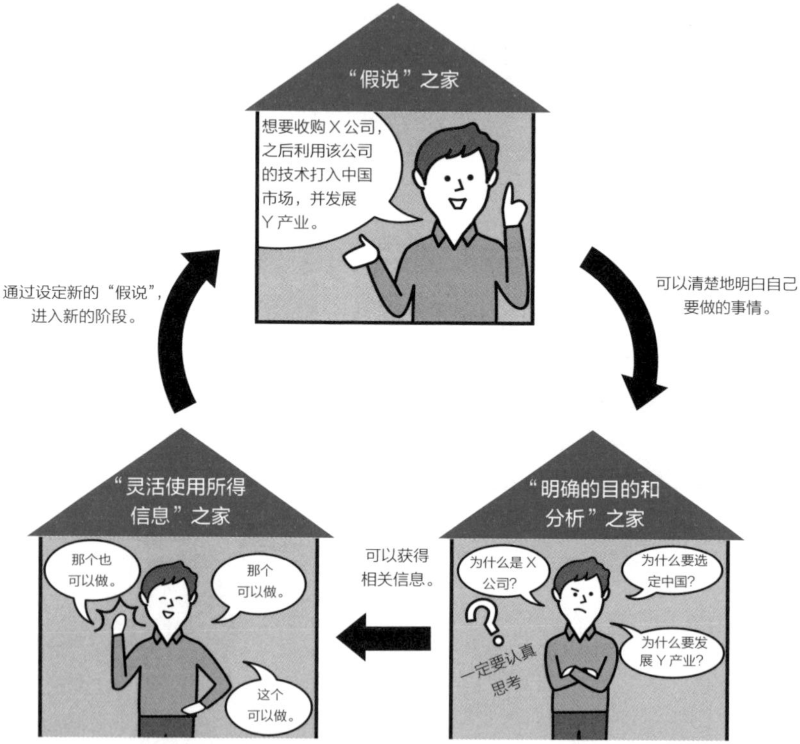

之后我们可以从很多个角度对该假说进行分析，比如，为什么必须收购X公司呢？为什么一定要打入中国市场呢？Y产业还拥有怎样的增长空间呢？我们将这一过程之中得到的数据作为依据，可能会将收购对象选定为Z公司，将要打入的海外市场调整为其他地区等，总之会发现新的发展方向。但是，如果没有最初的“假说”，那么探讨的目的也就无从谈起，最终只会重复毫无成果可言的工作。

一旦没有设定假说，目标就会变得模糊不清

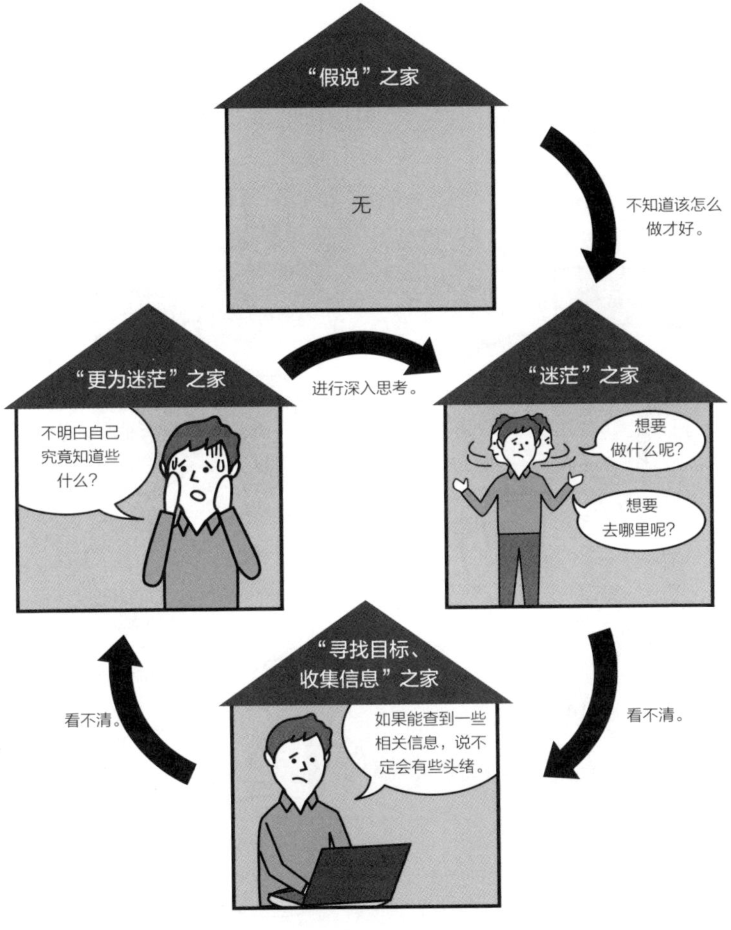

06 把“假说”作为出发点，通过论点构建金字塔模式的“议题树形图”

通过设定一些可以用来验证“假说”的论点（议题），就可以明确哪些要素应该被验证，哪些不必要的要素应该被排除。

在“议题树形图”中，要将提及的“假说A”放在金字塔的顶端。在其下方要排列用来验证“假说A”的各种各样的“议题B”。这些议题一般都采用疑问句的形式。换言之，即通过这一构图，利用反论法解释说明“因为B所以A”这一论点。

通过“议题树形图”可以排除无价值的论点

我们在“假说A”之后设置B1、B2、B3等一系列可以用“是”或“否”来回答的问题。如果从这些问题的答案中得到的“是”较多，那么就说明“假说A”是个正确的结论。这样的话，我们就可以很容易地将“议题B”中重要的论点和不应纳入考虑范围的论点区分开来，从而排除预测错误的论点，得到更为精准的结论。之前提及的“金字塔结构”从逻辑上来讲是一种自上而下、水到渠成的模式。而“议题树形图”与“金字塔结构”不同，其构建B板块的难度要更大，但是却也能从中得到相应的益处——获得有利于解决问题的重要因素和视点。

07 不要拘泥于最初设定的“假说”，要使之不断发展

不能拘泥于最初的假说或者成功经验，要能够根据状况的变化灵活地使之不断发展。这样相关事务就可以从停滞状态中解脱出来。

在分析状况的时候，设定假说是不可或缺的环节。但是，我们设定的假说未必一定是正确的，这时就需要我们在反复论证的过程中使之不断完善和发展。比如，我们设定这样一个假说：在销售额中，日常用品部分发挥了中流砥柱的作用。我们只要将精力投入该部分就一定可以实现稳定经营的目标。但是当销售额一旦开始走下坡路的时候，我们就需要对该假说重新进行验证。

当条件发生变化时，假说也要随之进行调整

假说 1

只要继续销售我们公司的王牌产品A，就可以实现销售额的增长。

最终发现导致这一情况出现的原因在于竞争对手公司开发的新商品抢占了市场，引起了新的品牌热潮。这时，最初设定的假说就成为错误的结论。在这种情况下，我们可以设定一个新的假说，比如：我们应当从只依赖日常用品来获得利润的经营模式中解放出来。之后，从这一假说出发进行认真分析，可以得出：目前的当务之急是在保证日常用品正常经营之余，将热门产品的开发纳入核心业务，进而研发更为新颖的商品。所以，不拘泥于最初的假说，能够根据状况的变化灵活应对是成功的关键所在。

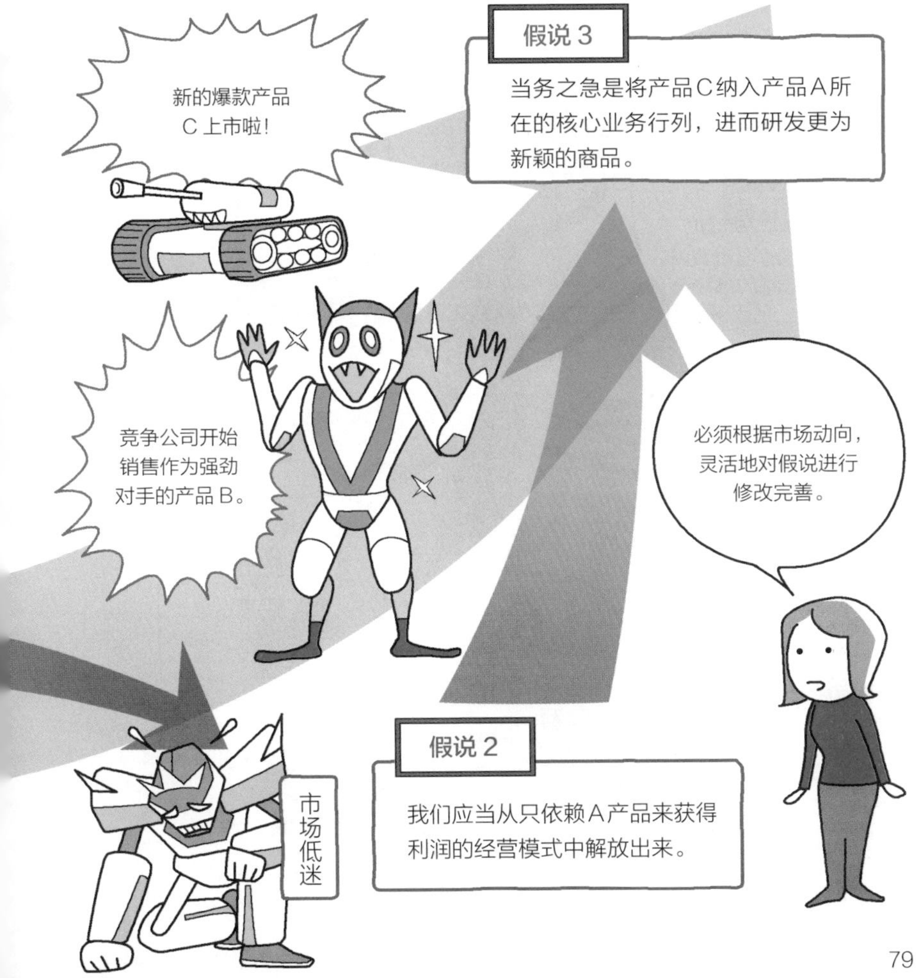

08 连续提问 5 次“为什么”，多角度把握问题

当我们面对不得不解决的问题时，要针对现实状况提问 5 次“为什么”。这样我们就可以从多角度对问题进行把握。

当我们遇到某个问题时，总是将其反向表述作为方案并认为通过此方案就可以使该问题得到解决。比如，针对“A产品的销售额下降”这一问题，我们会给出“那就提高销售额”这样一个答案，并认为问题已经得到了解决。这其实是我们的一种错觉而已。究其原因，是因为这种做法只是明确了方针，却全然没有阐明具体的对策和分析。为什么会出现这种情况呢？是因为当初A产品的销售状况太好。受此成功经验的影响，我们在解决问题的时候，只是“头痛医头，脚痛医脚”，想出一些简单的应对方式就心安理得了。

将问题的反向表述作为解决方案是行不通的

为了避免出现这样的状况，我们必须在面对问题或者疑问的时候，多问几次“为什么”。这样一来，我们就不会只将问题的反向表述作为解决方案了。比如，当我们提出“为什么A产品的销售额会下降”这一问题时，可能会得到“因为A产品跟不上潮流”这样一个回答。面对这样的问题时，我们应该继续发问：“为什么会跟不上潮流呢？”这样，我们针对现状多提问几次“为什么”，就能大体掌握问题的本质。

在反复提问“为什么”的过程中发掘问题的本质

09 解决废话满篇的技巧 ——“So what？”（那又怎样）和“Why so？”（为什么会这样）

日常生活中，有很多人因为不能将自己的想法顺利传达给别人而苦恼。针对这群人，我建议他们在陈述自己意见的时候，一定要确认自己的结论和理由是否存在紧密联系。

当我们向别人阐述自己的结论时，经常会使用“根据……”“因此……”“为此……”等语句。但是如果这些语句本身就出现矛盾或者跳跃的话，那么对方一定不能理解我们的意思。为了避免出现这样的状况，我们必须在日常生活中就要有意识地培养正确把握依据和结论关系的意识。为此，我们需要掌握的两个技巧是“So what?”和“Why so?”。

如果不能掌握“So what？”和“Why so？”这两个技巧，就不能实现顺畅的沟通

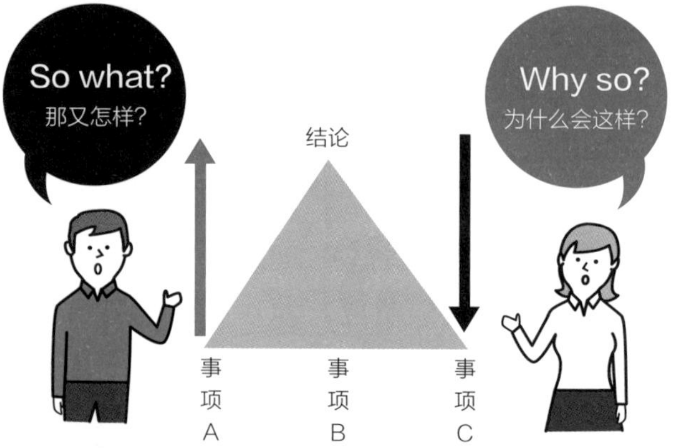

So What?

在现有的素材（事项）中，只有精华部分适合在讨论问题的时候被使用。从众多事项中挑选出这些精华部分的过程可称为“So What?”。

Why So?

我们会通过现有素材（事项）来验证“So what?”所代表的要素是否合适。验证这一过程的行为称为“Why so?”。

所谓“So what？”指的是从作为判断材料的信息和事项当中得出“那又怎样”这一结论。而“Why so？”指的是针对已经得出的结论去探求“为什么会这样”的原因。如果我们不能掌握这两个技巧的话，那么结论和依据就无法实现顺利衔接，这也是出现Dis-communication（沟通失败，▶P97）的原因所在。

10 养成使用“So what？”（那又怎样）和“Why so？”（为什么会这样）的习惯

之所以会出现无法得出正确结论或者阐明依据的窘况，是因为在日常生活中，我们没有进行相关的思维训练。

我们之所以会成为效率很低的人，是因为我们在日常生活中没有养成使用“So what ?”和“Why so ?”的习惯，从而导致无法清楚地向别人阐明情况或者顺利地从他人那里获取、推测新信息的情况出现。

在日常生活中要学会使用“So what ?”和“Why so ?”

为了克服这种障碍、提高信息的传达效率，我们只能在日常生活中养成使用“So what ?”和“Why so ?”的习惯，进行各种训练活动，以期达到将依据和结论联系起来的目的。比如，我们在读报纸或者杂志的时候，如果发现某些可以成为判断素材的信息或者事项，我们就可以提出“So what?”，养成善于思考结论的习惯。相反，在社论版面发现某个结论的时候，就要提出“Why so?”，养成善于思考依据的习惯。这样一来，我们就能提升迅速把握事物要点的能力，如此才有可能进行迅速且顺利的交流活动。

11 “So what?”（那又怎样）和“Why so?”（为什么会这样）的应用法——观察

如果学会使用“So what？”和“Why so？”，就能很好地对从信息和事项等素材中获得的要点进行总结，从而达到向对方准确传达的效果。

“So what？”和“Why so？”的应用法大致可以分为观察和洞察这两大要素。比如，即便是看到同一数据，每个人都会从中读取不同的内容。如果在事实确认阶段出现差池的话，那么之后的讨论也会出现分歧，最终不过是浪费时间罢了。

和观察相关的“So what？”和“Why so？”之三步走

步骤一　确认、分享问题（主题）。

为了避免出现上述情况，有效的解决办法就是学会使用“So what?”和“Why so?”。当我们看到某个展示数据的图表时，首先要通过“So what?”的思维方法来读取该表格表现的主题，并将获得的信息分享给周围的人。如果不只有一个图表，就要对问题进行逐个确认。最后，我们将从各个图表中获得的问题和信息统筹起来，得出某个结论，然后再通过“Why so?”的思维对其进行验证。

步骤二 **针对实际情况，运用“So what?”思维方法对数据进行观察和分析。**

步骤三 **把从每个“So what?”中获得的问题和信息统筹起来。**

结论
从 3 年前开始该日式风格商品的销售额就逐渐上升，并且一直保持良好的增长态势。主要的客户人群是 40 岁以上的中老年人。

通过使用“Why so？”可以获得作为依据的数据，并且可以检查出是否存在矛盾与分歧。

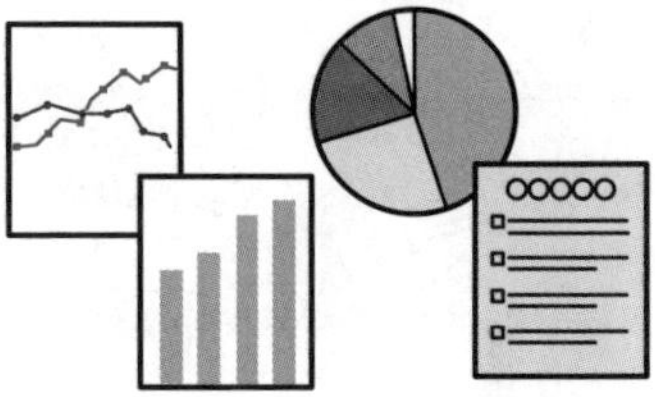

12 “So what?”（那又怎样）和“Why so?”（为什么会这样）的应用法二——洞察

在正确认识和分享某件事项之后，要做的是再次提出“So what？”和“Why so？”这两个问题，这样可以得出更多的新信息。

“So what？”和“Why so？”的第二种应用法就是洞察。使用和洞察相关的“So What？”和“Why so？”思维方法的话，就能对那些表现某种状况的数据进行分析，并从中得到一些规则或法则之类的新信息，从而明确自己从中受到何种影响或者确定今后要采取的方针。即使推导出某

和洞察相关的“So what？”和“Why so？”之三步走

步骤一 确认、分享问题（主题）。

个假设，也算是实施和洞察相关的“So what ?”和“Why so ?”思维方法的一种表现。在实施该思维方法的时候，首先要和上一章节中提及的观察运用法一样，要对问题进行把握和逐个分析。之后，虽然运用和洞察相关的“So what ?”思维法同样可以从每个分析结果中推导出法则性的结论，但是更为重要的是我们要能判断出该法则性的结论是否正确。这就需要我们运用和洞察相关的“Why so ?”思维法对其进行认真的验证。这种方法和算数问题是相同的原理。

步骤二 针对每一个实际情况，运用和洞察相关的“So what?”思维方法对其进行分析。

步骤三 从洞察内容中得出一定的法则性结论，并对其进行验证。

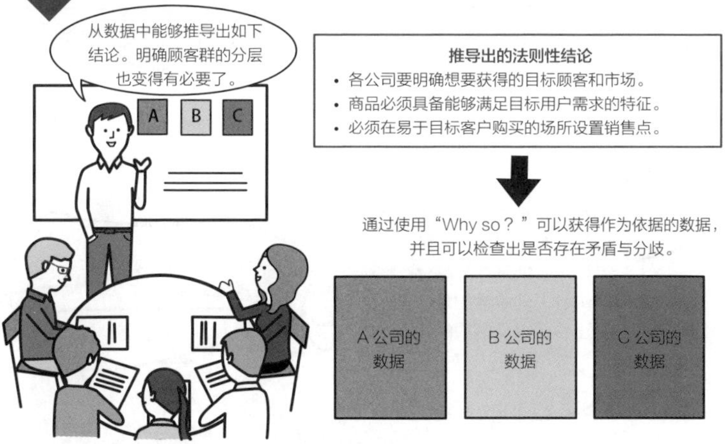

13 养成反复使用"So what?"（那又怎样），"Why so?"（为什么会这样）和"True?"（真的吗）的习惯

我们构建的"金字塔结构"一定是准确恰当的吗？为了验证其准确性，我们需要养成反复使用"So What？""Why so？"和"True？"的习惯。

如果我们只是匆匆看一眼的话，就无法明确所构建的"金字塔结构"的精确度是多少。在我们构建了"金字塔结构"之后，有必要在最后站在一览全局的高度对其进行俯瞰和验证。对此，有效的方法为学会使用提出"So what？""Why so？"和"True?"这样的问题。其中，"Why so？"也可以被解释为"为什么会这样?"，它可以用来检验从"金字塔"的顶端

从3个方向进行提问，以此来提高精确度

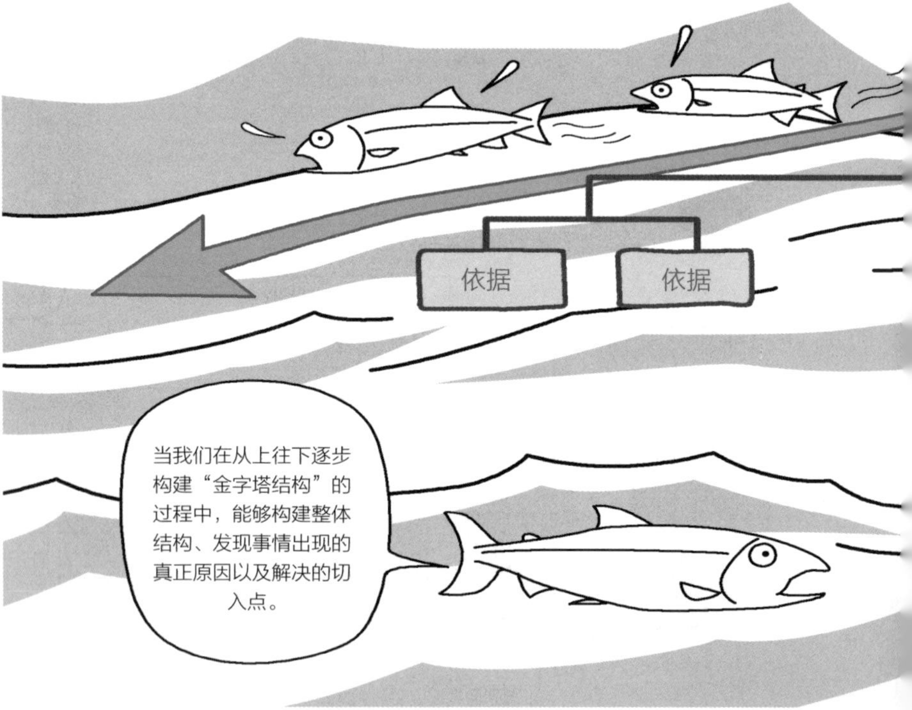

到“下游”流通的过程中设置的各个项目是否合理。相反，我们可以从“下游”出发，通过“So what ?”(那又怎样)这一问题，深入地判断位于“上游”的结论是否合适。“True?”也可以理解为“真的吗”的意思，通过这一提问方式我们可以探究到最终结论以及各个项目所蕴含信息的精确度。这种方式不但有利于我们提高“金字塔结构”的精确度，还可以促使我们发现新的问题。

14 理解逻辑的模式① ——并列型

在我们学习了关于“So what？”和“Why so？”的基本理论之后，我们就要尝试构建实践性的逻辑架构。

并列型是实践性的逻辑架构的代表类型之一。其特点是将结论摆放在顶端，在其之下的各层级平行排列相关的多个依据。这些依据是按照MECE（相互独立、完全穷尽）的原则实现系统化排列的。另外，从纵向角度来看，上下各级要素是按照“So what？/ Why so？”的关系分层设置的。

平行排列多个“依据”

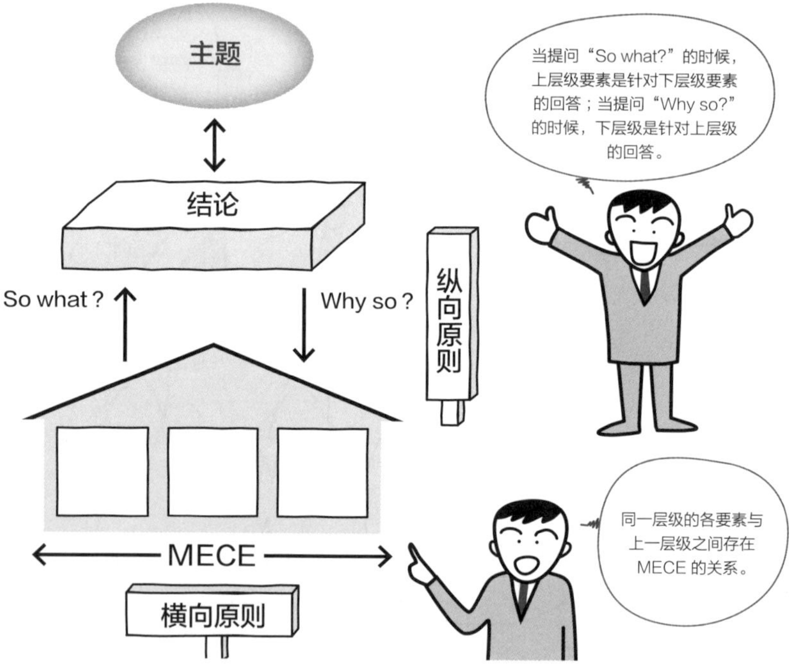

下面，我们从“销售渠道”（▶P97）的角度出发，以提供商品的消费品制造商为事例对该问题进行分析。目前在消费品（▶P97）制造商中存在这样一种情况，即由于销售方的管理不善，在通过大型零售渠道销售的公司核心产品中出现了残次品。为了得到能够解决该问题的结论，我们需要在结论的下面按照MECE（相互独立、完全穷尽）的原则系统化地排列4个要素（依据）。

关于家电制造商的事例①

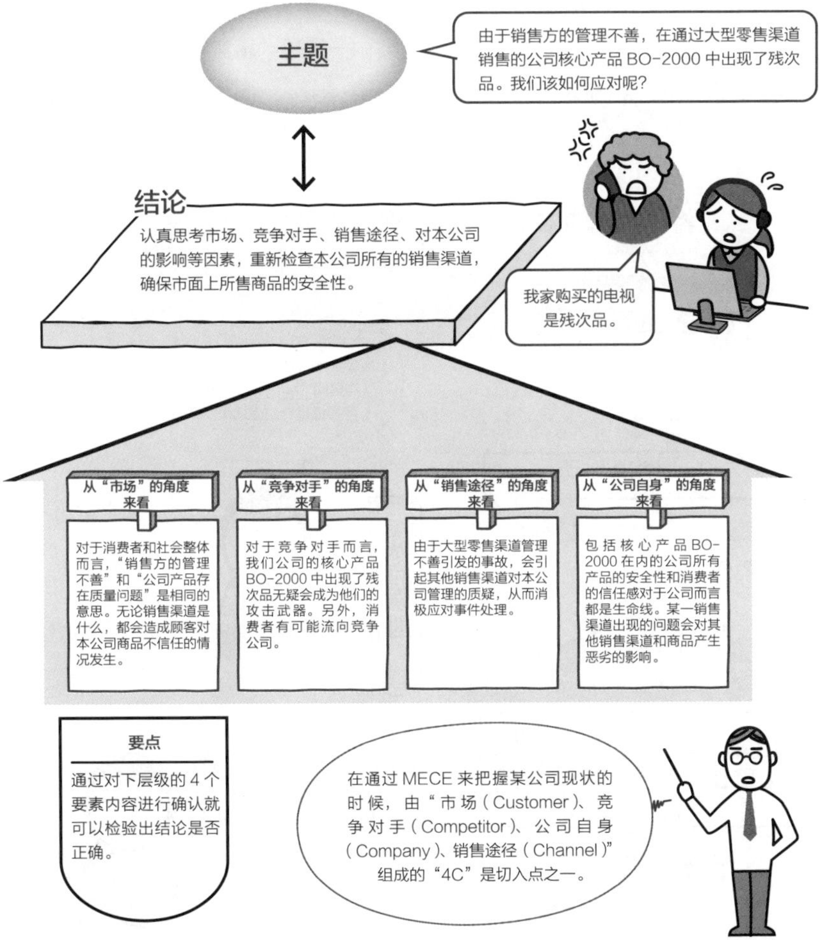

15 理解逻辑的模式② ——解释型

"实践性的逻辑架构"的另一个代表类型是"解释型"。下面我们就此类型进行讲述。

与并列型一样，解释型也将结论摆放在顶端，在其之下的各层级平行排列相关的多个依据。另外，从纵向角度来看，解释型中的上下各级要素也是按照"So what? / Why so ?"的关系分层设置的。这两者的不同之处在于解释型的依据可以分成两类：一类是"事实"，另外一类是"判断基准"和"判断内容"。

将"客观的依据"和"主观的依据"分开处理

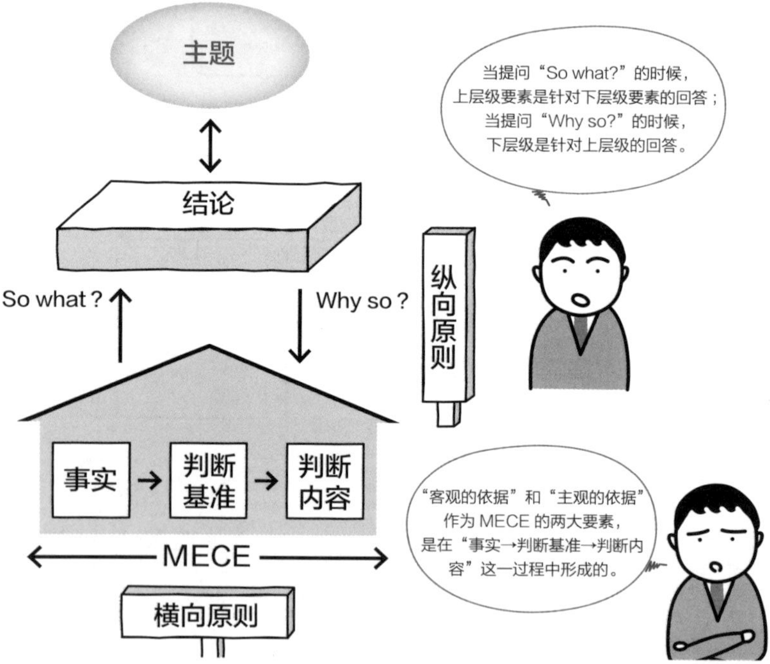

其中，事实指的是为了得出某个用于解决问题的结论而需要和对方分享的事项。从事实中推导出结论的过程中需要一定的传递者，该传递者做出的判断被称为“判断基准”。“判断内容”指的是通过该“判断基准”对事实进行判断的结果，即对该事实做出何种评价。对于在本书中介绍的关于家电制造商的事例，我们同样可以使用解释型对其进行分析，得出好的解决方案。

关于家电制造商的事例②

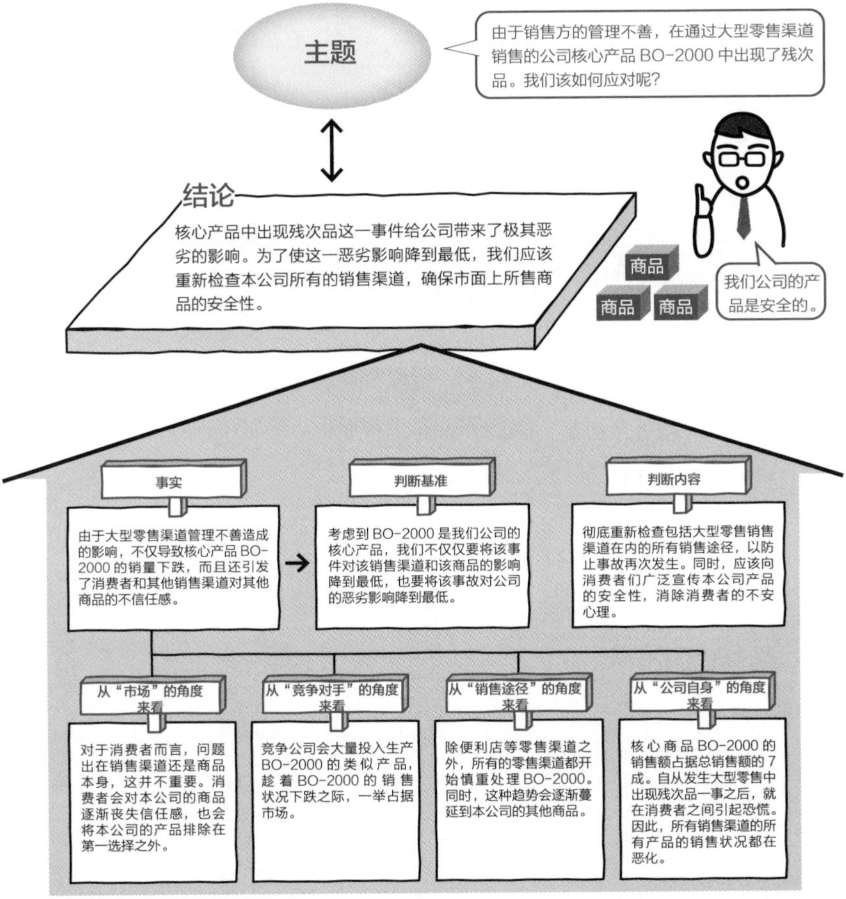

专栏 4

逻辑思维的弊端

在商务界的会谈或会议等场合中，为了能够条理清晰地解释和说明自己的想法或者获得对方的认可和同感，我们需要掌握的一个非常有效的技巧就是逻辑思维。但是，逻辑思维并非是完美无缺的，它也存在一定的缺陷。比如，逻辑思维这一方法在我们试图说服对方时能发挥巨大作用，但是从中得到的结果未必全都是正确的。另外，由于我们过分盲目自信，不顾他人意愿而将自己的想法强加于人的话，就会引起意想不到的纠纷。另外，就算我们有充足的自信来进行有逻辑性的、明确的说明，对方也有可能表现出抗拒的态度。为此，我们有必要一边留意对方的反应，一边进行逻辑阐述。

逻辑思维绝不是万能的。在某个全新的未知领域中，能够用来构建逻辑的素材少之又少，所以会造成无法使用逻辑思维这一技巧的情况出现。我们需要在了解逻辑思维这些缺陷的基础之上，再对其进行灵活运用。

术语说明④

低息政策（P70）

当国内市场出现有效需求不足的情况时，为了刺激经济增长，会实施通过降低官方贴现率和存款准备金率来降低利率的政策。另外，当把利率降低为零时称为“零利率政策”。

投资回报率（P73）

投资回报率指的是实施及运营所需的成本与实施后带来的收益之间的差额在财政上的体现。它是在决定是否实施预先计算的成本效益、进行实施后的验证以及根据实际数据调查有效性时会使用到的一个指标。投资回报率是在商务界经常被用到的专业词汇之一，它表明了在商品生产中投入的费用能够得到多少回报。比如，当我们说“该系统是一个投资回报率非常高的系统”，就意味着从导入使用该系统的费用来考虑的话，其产生的经济效益要比其高得多。

Dis-communication（沟通失败）（P83）

“Dis-communication”是一个由日本人创造出来的日式英语，指的是“沟通失败”。由于“沟通失败”的人其沟通能力差，所以经常出现不能与他人进行顺利交谈或者一开口说话就冷场的状况。所以，很多经常“沟通失败”的人对说话和发言本身感到恐惧。

销售渠道（P93）

销售渠道既可以指向消费者提供商品或服务的途径，也可以指消费者购买商品或服务的场所。厂家是通过“生产商——批发商——零售商”或者“生产商——网络销售者”的途径把制造出来的日常用品和食品销售给消费者的。目前对销售渠道存在两种解释。一种是将包含“生产商——批发商——零售商”或“生产商——网络销售者”等方法在内的所有途径称为销售渠道；另一种是只将“零售商”或者“网络销售者”等这类最终由消费者选择购买商品或服务的场所称为销售渠道。

消费品（P93）

消费品是一个经济学用语，指的是消费者自身或其家人出于消费或使用的目的而购入的商品。换言之，使用者为满足个人和家庭的使用需求而购买的所有东西被称为消费品。具体来讲，消费品包括冰箱、电视、衣服和食品等。与此相对，企业为满足生产需求而消费的物资被称作生产物资。即使是同一产品，如果是用于家庭消费的话，它是消费品；如果是用于满足企业生产的话，那么它就是生产物资。这是大致的分类方式。消费者不像生产物资的购入企业那样是一个完整的体系。因此，消费者无须时时事事都要做到合理且节约地选择、购买商品。消费者的需求是多种多样且变化无常的。比如，根据自己的喜好、流行趋势以及品牌效应等改变自己的消费选择。另外，这种需求也会随着环境（市场状况等）的变化而发生较大变动。随着市场的成熟，消费者的需求也在不断发展，对商品的要求也越来越高。从某种意义上来讲，我们可以说在消费方面，消费品的消费者要比生产者更为专业。

公司

第 5 章

用于提高思维品质的逻辑思维

如果我们按照固定模式去实施固定事项的话，是无法发现新的商机的。为避免出现这种情况，首先我们要能够对缠绕自身的种种前提和常识存疑，其次还要对从中派生出来的结论存疑。这对解决上述问题是十分重要的。

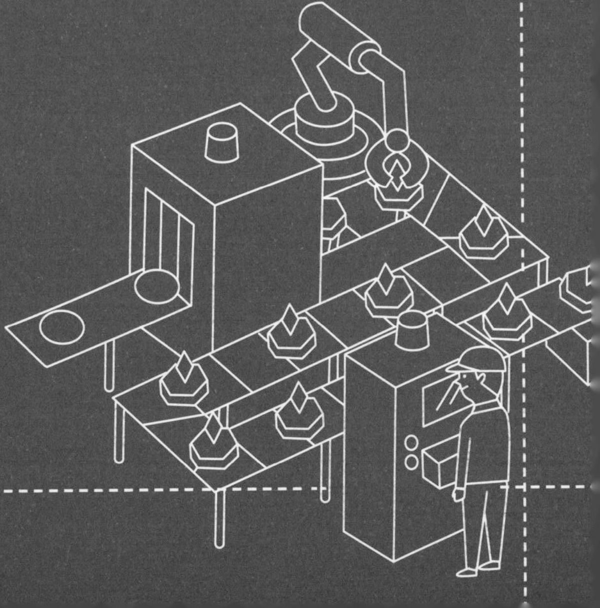

关键词 → ☑ **信息量、思维量**

01 信息量和思维量之间出人意料的联系

你觉得信息量的增加一定是好事吗？其实，有时信息量的增加会导致思维量的下降。

因为信息能够为分析和解决问题提供指导方针，所以它是一项十分重要的要素。随着信息量的增加，解决各种各样问题的方法也越来越多。但是，信息量的过分增加会导致我们在信息整理方面花费很大精力。其结果是，我们在逐个验证这些泛滥的信息的同时，思考力也越来越低下，并且本来作为解决问题手段的信息最终只变成了自己的想法而已。换句话说，信息将决定一切。信息是我们生活中必不可少的事物。

信息量增加后，思维量会减少吗

在这种情况下，为了避免陷入思维量减少的泥淖之中，我们必须要做的是学会运用逻辑思维。首先对各种各样的信息进行客观的整理，之后在头脑中按照优先顺序对其进行排位并加以灵活运用。通过这样的方法，可以有效减少由于过劳而引起的思考能力的下降，从而使得行为主体不会在泛滥的信息洪流之中迷失方向。另外，灵活使用经过充分分析的信息，可以作为一种商务模式固定下来。这种方法有利于我们掌握解决更广泛问题的能力。

02 成为一名彻底的怀疑论者

在日常生活中，有很多人囿于前提和常识导出的结论之中无法自拔。我们只有通过质疑这些前提、常识和结论，努力提高思考的质量，才能发掘出新的视点。

如果我们按照固定模式去实施固定事项的话，是无法发现新的商机的。为避免出现这种情况，首先我们要能够对缠绕自身的种种前提和常识存疑，其次还要对从中派生出来的结论存疑。首先，我们要脱离前提和常识，验证一下除此之外有没有其他的方法。因为在我们自认为完全不可能或者不值得考虑的事物中隐藏着机会。从纵观全局的角度出发，认真观察事物的话，大家就会发现很多过去被自己忽略的事物。

尝试质疑常识和前提

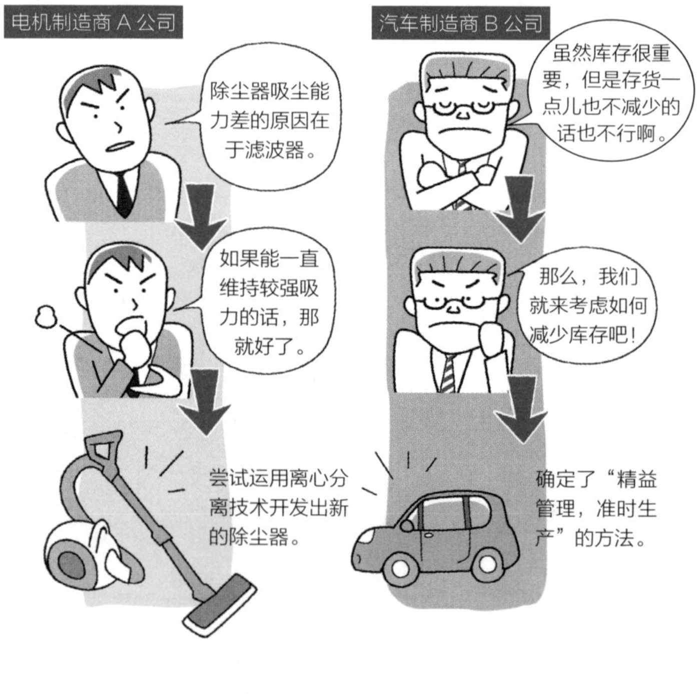

在业务中，我们经常会遇到必须克服诸如顾此失彼之类的问题。但是，如果我们能够对该结论抱有怀疑态度的话，那么思想的质量会得到进一步提高。这样的话，我们会发现隐藏的问题并创建新的解决方案，同时也能发现前提中的不合理之处和常识中的错误之处。让我们时刻站在Critical（批判的）（▶P117）的视角看问题吧！

敢于质疑“结论”，能发现更多的事物

03 明确隐藏起来的构造

所有的现象背后，都隐藏着导致该现象出现的构造（系统）。如果能理解这些构造，就能探明事物的本质，从而达到解决问题的目的。

假设某一公司的业绩一直保持顺利增长。猛然一看，我们会觉得该公司一直保持着健康的经营状态，但是有一天业绩忽然停止增长，不久就暴露出各种各样的问题。其实，这样的事例为数不少。究其原因，只能是在看似顺利的状况之后隐藏着的部分构造已经产生了歪曲。一开始程度较轻的歪曲逐渐影响结构整体，最终给公司带来了致命性的打击。如果我们一直不能理解和把握隐藏起来的这部分，就会一直在危机的乌

不能理解隐藏在现象背后的构造是一件危险的事

国外某航空公司 A

云笼罩之下开展业务经营。

原因和结果这两种现象不一定必须在时间和空间上接近。构造之中出现的不合乎常理的要素会导致其他原因的出现，之后在我们意想不到的地方变成恶劣事件的导火索。但是，如果我们能理解每个环节之间的联系，就能提早发现是哪个构造出现了问题。这样一来，我们就可以针对现象背后的结构所包含的问题采取各种各样的措施，并且在重大问题发生之前找到解决该问题的要点。

敢于质疑结论，能发现更多的事物

04 培养微观视角和宏观视角

微观视角指的是要详细观察事物。宏观视角指的是要与事物保持一定距离，认真观察事物整体。如果我们能够灵活切换使用这两种观察方法，就不会造成要素的遗漏。

认真考虑如何在店面摆放商品、如何提高工厂生产线（▶P117）的效率等，这些和现场息息相关的微观视角是商业活动中不可或缺的重要事项。因为从这一角度思考问题，能够激发我们想出促进顾客消费的新主意和提高生产力的新体系。之后，我们稍微改变一下思路，从远离现场的角度出发，利用宏观视角认真观察事物整体。这样一来，我们就可以注意到那些在微观视角下被忽略的问题和原因，从而发现那些可能会

为提高现场效率所必需的微观视角

促进事物发展的要点。

在现场会随机产生各种各样的问题，我们需要一边应对这种问题，一边谋求生产效率的提高，所以我们只能站在微观视角看问题，却无法对事物整体进行把握。如果这时我们可以跳出这个圈子，就像从高空俯瞰景色一般用宏观视角俯瞰整体的话，就可以有意想不到的发现，从而找到解决问题的思路。我们不再单纯只管零售店本身和工厂内部，而尝试去思考店面的改造、人事结构的调整、工厂的选地布局和生产系统本身的变更等，就能发现在微观视角下被忽略的改善问题的方法。

为把握事物整体以改善现状而必需的宏观视角

05 灵活使用图表

大家还记得我们在数学课上学到的关于 X 轴和 Y 轴的知识吗？如果我们能够将这种模式应用到思考过程之中，是有很多益处的。

我们尝试将自己的想法替换成为这种横轴为X、纵轴为Y的简易图形。图形的基础是算式。算式之中是不允许存在任何模糊不清的地方的。换句话说，我们之所以要将想法进行图形化，就是为了让所有的重要原因和现象清楚地呈现在眼前，从而排除那些迷惘之处和一厢情愿的想法。在日常业务中，我们要经常有意识地将面临的事情转换为图表模式。这样我们就可以在任何时刻都能对事物进行客观的判断。

经过算式化的图片使得市场状况一目了然

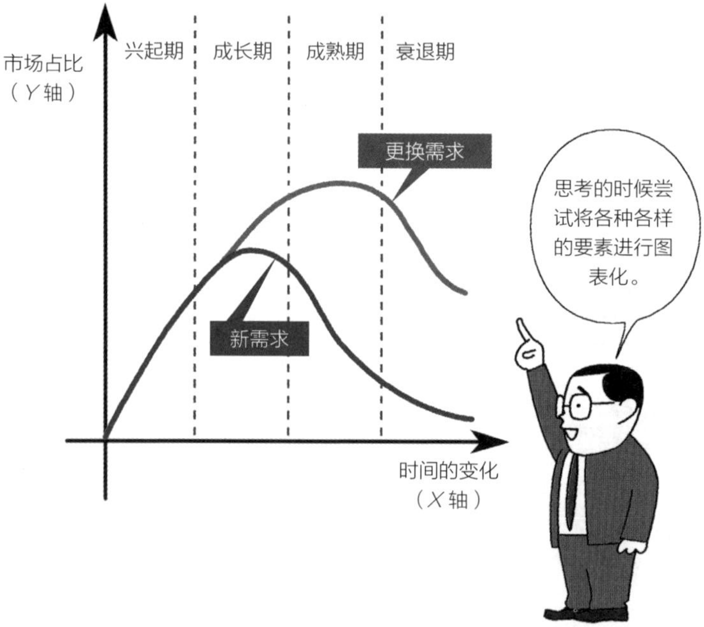

另外，当我们想要把自己的想法或者调查内容正确地传达给第三方的时候，将这些信息进行图表化也是一种非常有效果的做法。比如，我们将X轴设定为“时间的变化”，Y轴设定为“市场规模的大小”。通过分析“时间变化”和“市场规模的大小”之间的关联性，就可以对不同阶段采取的不同市场营销战略（▶P117）进行具体的说明。我们就可以通过形象化设计来阐明在什么时间该投入资金、在什么时间该扩大市场，以及市场的成长预期和衰退时期等问题。这种将时间与空间之间确切的因果关系（▶P117）算式化的逻辑方法具有强大的说服力。

06 看破“虚假关联”

实际生活中有一些事项之间明明没有因果关系，但是却由于某些错综复杂的相关性而招致我们的误解。我们需要对这些隐藏起来的圈套进行认真的检查。

猛然观察某个已经得出结论的想法，我们会觉得其各事项之间存在着关系，但实际上却全然没有任何关联性。换言之，我们被某种“虚假关联”欺骗了。如果我们固执地认为某个结论就是由某两个现象推导而出的话，那么就有可能遗漏其他对该结论产生影响的要素。一旦我们继续在错误的原因或理由的指导之下推动事物发展，那么引起意料之外纠纷的风险性就大幅提升。因为，我们有必要对推导出结论的因果关系进

在认定某因果关系的时候一定要进行验证

行再次的验证，从而找出正确的关系。

为什么我们会被“虚假关联”欺骗，从而遗漏其他要素呢？是因为有“第三原因”的存在。比如，从数据上来看，二月的巧克力销售量一直处于上升状态。猛然一看，我们可以得出“巧克力在二月很畅销”的结论。但是如果深入分析的话，会发现有“第三原因”——白色情人节的存在。换言之，巧克力的销售额上升到二月中旬就会戛然而止。如果再继续扩大生产量的话，就会招致很大的损失。首先，我们要敢于质疑结论，之后再重新考虑其内容是否正确。

07 留意那些阻碍我们思考的词汇

我们要留意那些自以为很懂的关键词。流行语和经济用语中隐藏了许多听起来高级，但实际上会阻碍我们思考的词汇。

日常生活中，我们总是会遇到很多不甚了解，但听起来很舒服的词汇。在过去，这些词汇都用汉字来书写，现在则多用外文来标记。这种现象也同样存在于商务界。在会议中大家经常会用到一些经济学专业用语。对于这些专业术语，一方面我们会觉得似懂非懂，另一方面又必须不懂装懂，否则就觉得自己太丢脸了。这样就会导致我们无法正确理解发言人要

“自认为很懂”其实是个陷阱

●如果我们使用导致“思考停止”的词汇开会……

阐明的想法和意图。换言之，我们陷入了“思考停止”的状态。

如果真的出现这种导致“思考停止”的词汇，我们要打起十二分精神。如果在必须要进行具体说明的场合下，只靠一些抽象的概念就强行通过、蒙混过关，那么将来一定会给企业战略（►P117）和公司运营带来恶劣的影响。为应对这一问题，有效的解决办法就是在上述场合中直接让对方举出具体的事例。通过这种方法，可以将会场之中的人带回到原来的讨论氛围之中。另外，“挽回……”“对……进行再思考”等动词（或动词短语）都会导致“思考停止”。要解决这个问题，就要求对方对“谁”（人物/动作主语）、“做什么”（事件）、“什么时候”（时间）、“怎么做”（行为）等基本信息进行解释说明。

●如果我们正常交流……

08 放弃一般性解决方案，只追求个性化解决方案

在商务工作中，各种要素错综复杂地交织在一起。为了得到一个合适的解决办法，我们不能追求那种“放之四海皆准”的一般性解决方案，而应该去探求针对该问题才有效的个性化解决方案。

一般性解决方案指的是即便替换事件中的主语，但结论依然成立的方案。如果我们把主语“我”替换成“你”“他”“××先生（女士）”之后，仍然没有出现任何行不通的地方，那么我们就可以认定该方案是一个一般性解决方案。例如，如果小A说：“我很擅长销售！”当我们把这句的主语“我”替换成为其他任何主语的时候，都能讲得通。但是如果小A说：“我每天会做50个新采访，平均每天能谈成10单生意，在销售部名列前茅。”那会怎么样呢？这句话只适合于小A。这就是个性化解决方案。我们可以

在商务界，我们应该谋取个性化解决方案

说在商务工作中，一般性解决方案和个性化解决方案之间的差距非常大。这是因为一方面，一般性解决方案只能传达十分安全且几乎类似于教科书般的抽象内容；另一方面，因为个性化解决方案有具体性，因此得出的结论会令人信服。对方也可以从中获得特定的内容和信息，从而可以顺利地进行交流。换句话说，可以根据各种情况创建自己的个性化解决方案的人是优秀的商务人士。

专栏 5

提防“逻辑侵犯”

继“职权骚扰[①]”和“精神霸凌[②]”之后，“逻辑侵犯”作为一种新的不当行为日益成为人们讨论的话题。比如在工作的过程中，有些人自恃理论正确，就固执己见地将该方针贯彻到底。有时这种做法会引起对方的不愉快和厌恶，这其实就是一种侵犯。

一般在商务讨论的现场中，运用逻辑思维模式的人为了说服对方，总是有条有理地进行有礼貌且有逻辑的说明。如果这样做还被称为侵犯的话，那一定是个不小的打击。因为当某个结论越是正确（特别是这些正确的结论对某些人不利的时候），越容易导致这些人的不愉快。但话虽如此，如果我们因为这样就放弃使用好不容易培养出来的逻辑思维，那简直无异于一种浪费。同时，工作也会为此受到阻碍。

为了避免被大家称为“逻辑侵犯”，我们需要根据交谈对象和当时的状况随机地改变我们的说话方式和音调。即便我们在陈述同一件事情，对方也会根据我们的说话方式是否强硬来改变自己的接收方式。因此，我们必须要做到的是一边说话一边观察并确定对方的反应。

---

① 职权骚扰，日本厚生劳动省将职权骚扰定义为：凭借自身地位、IT等专业知识以及人际关系等职场优势，超出正常业务范围给人造成精神和肉体痛苦或恶化职场环境的行为，包括施暴等身体攻击、威胁等精神攻击、无视或排斥、安排过多工作等过度要求、不安排工作等过少要求、干涉个人隐私6种类型。——译者注

② 精神霸凌，肉体暴力之外的另一种暴力，又名“精神暴力”“软暴力”，是指对被害人的精神施加暴力，而使被害人的身心造成伤害的行为。具体的行为包括言语的威胁、污辱、诽谤中伤、无视、伤害自尊心等。——译者注

术语说明⑤

Critical（批判的）（P103）

Critical在使用的过程中经常被译为批判的、重大的、危险的、致命的等含义。另外批判性思维指的是恰当地对事物进行分析，决不片面地看待其中任何一方。

生产线（P106）

为了大量地制造相同或同一类型的产品而创建的生产路线，其组成结构为流水化作业。这种生产模式的特征是被分配在制造线的各工作人员只需做好固定分配的工作，这样就可以降低技能培训的成本。另外，由于生产线一直以恒定的速度运行，因此我们能够快速准确地知道产量的多少。这也是一个很大的优点。设置一条生产线需要花费漫长的时间和巨额的费用，同时还要占据工厂中大量的空间，因此从长远的角度来看，生产制造相同产品可以使其潜在的能力发挥到最大限度。但是，另一方面，由于工作被过分地细化和拆分，所以从长期发展的角度来看，无法实现工作人员工作技能的提升，只能单纯重复相同的工作，最终导致工作热情的下降，离职率也随之增高。这些都是其缺陷所在。

市场营销战略（P109）

市场营销战略指的是通过市场营销过程来对企业战略的现状进行分析的行为。无论资本规模的大小，只要想在市场中普及本公司开发出的商品或者服务，就必须实施市场营销战略。近年来，随着消费者价值观的多样化，对商务界的要求也越来越高。同时，实施市场营销战略所需知识和技术的难度也在逐渐上升。

因果关系（P109）

因果关系是指“原因”和“结果”的关系。某种行为与其结果之间存在联系，这种联系是犯罪或侵权行为人应依法承担责任的依据之一。

企业战略（P113）

企业战略是指拥有多项业务的公司的经营策略，具体来说是指投资组合的经营管理。

公司

第6章

赋予对话逻辑性，提高说服力

想要说服并诱导对方沿着自己所期待的方向展开行动的话，需要我们有丰富的经验。但是如果我们能够使用以逻辑思维为支撑的交流方法的话，就会很容易地引起对方的同感且被接受。

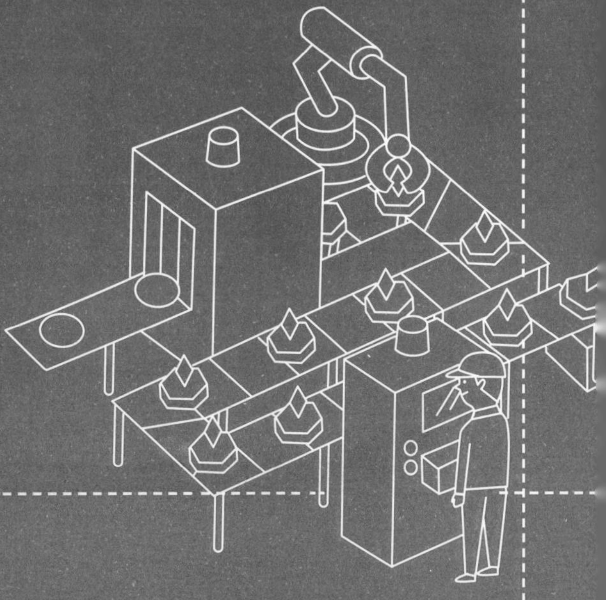

01 先提出结论再阐述其他

在交谈过程中，对方最想得到的信息是结论部分。如果我们能在最开始首先提出结论的话，就能有逻辑性地阐明理由，从而实现信息的完整传递。

“逻辑性交流”的基本准则是要将自身的想法准确地传达给对方。所谓“逻辑性交流”，指的就是先提出结论，再阐述理由和依据的交流办法。这就是答案优先原则（Answer First）的体现，其特点是从结论开始展开论述。我们来举个例子。“我们公司应该打入亚洲市场（结论）。因为在亚洲地区，对某产品的需求度很高（提出理由）。我们的合作伙伴B公司在当地的销售业绩非常好（描述事实）。”这样我们先提出结论，再阐述理由和事实的话，自然而然就连接了一条通俗易懂的“逻辑线”。

答案优先原则（Answer First）更易于对方理解

答案优先原则（Answer First）就是要最先论述结论或假说。因为对方最想得到的信息是结论部分，所以这样做的话就可以从话题一开始的时候给对方带来比较大的震撼或冲击。同时，对方也能从一开始就紧紧抓住讨论的重点，从而加深对该问题的理解。在日本，一般情况下都是在交流将要结束的时候才阐明结论。这虽然和日语的语法特点有一定的关系，但也正因为如此，我们需要将答案优先原则（Answer First）印在脑海之中，这样我们就可以比别人更快地实现“凝练表述”的目的。

02 使用“三段金字塔结构”（结论→依据→例子）来交流

要想使自己的话语具有说服力，基本的原则是要在表明结论之后就直接举出实际例子。我们要时刻将该“金字塔结构”记在心上。

如果我们能按照结论→依据→例子这样的顺序构建“金字塔结构”的话，那么一定会使其变得更加通俗易懂。首先，在第一阶段表明唯一的结论。之后在第二阶段阐述依据（理由）。在该阶段我们尽可能地提出3个要点。最后，在第三阶段提出事实（证据）。在该阶段，虽然会因情况而异，但是我们要努力做到让每一个依据都有一两个事实来支撑。另外，在举例子的时候，如果我们用“比如”来开头的话，就更能增加说服力。至此，我们就完成“三段金字塔结构”的构建了。

“举例子”能够使信息更为形象地传达给听者

接下来，我们对“金字塔结构”的构建方法进行说明。首先，我们没有必要一定从结论开始构建。按照自己觉得最容易的顺序构建即可。一旦完成构建，就使用“因为A”“是A”的句法去验证“金字塔结构”中的所有层级，以此来确认其在逻辑上是否讲得通。如果有逻辑不通的地方，我们就要替换掉其中的内容。这些被替换掉的内容既可以是依据，也可以是事实。总之，我们要进行多次尝试和调整。如果我们能够时刻注意按照逻辑思维构建“金字塔结构”的话，就能获得逻辑思维能力。

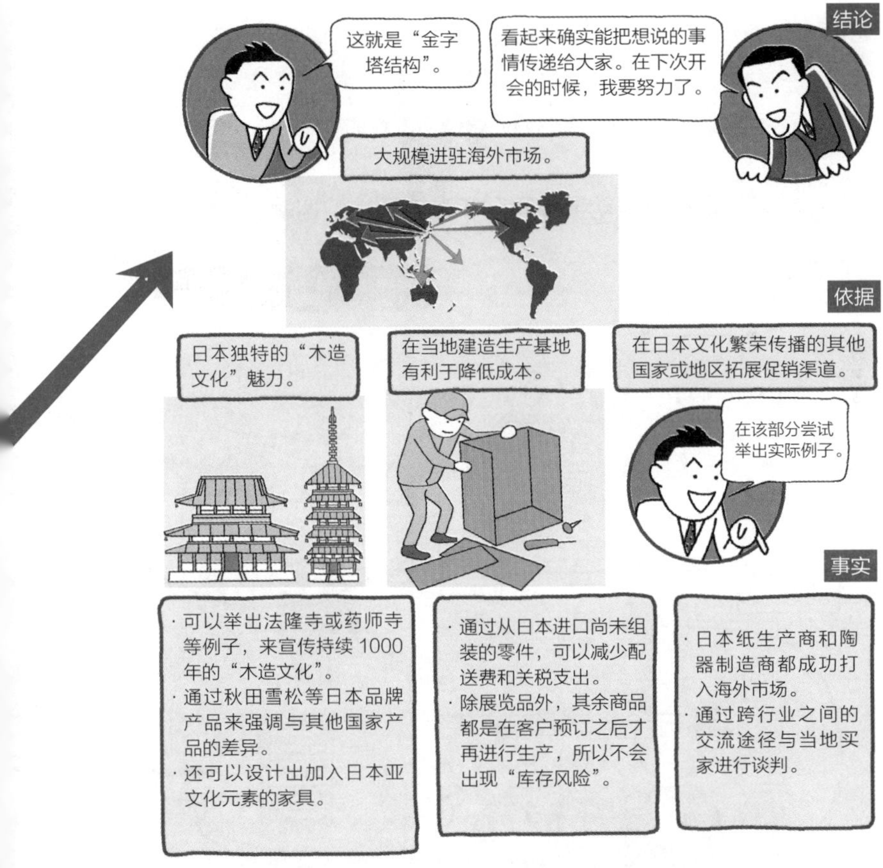

03 将要点总结为3个

将讲话内容总结为3点，有利于听者对内容整体形成深刻印象，同时也有利于说话人有重点地整理谈话内容。

在表明结论之后，我们需要继续阐明其依据。在该阶段，我们需要从依据中整理并总结出3个要点，这样有利于听者的深入理解。当我们看到数字“3”时，脑海中会浮现出该事物的整体面貌，因此听者可以做好接受3项依据的准备，以期达到完全理解的目的。同时，这种做法也有利于听者整理所接收的信息。如果听者不能事先得知谈话内容的数量，就会加重自身负担，同时有可能会引起理解能力的下降。“将讲话内容总结为3点”是让听者安心且有助于他们理解说话内容的有效方法。这个办法

在最初就表明要点有利于对方更快地理解

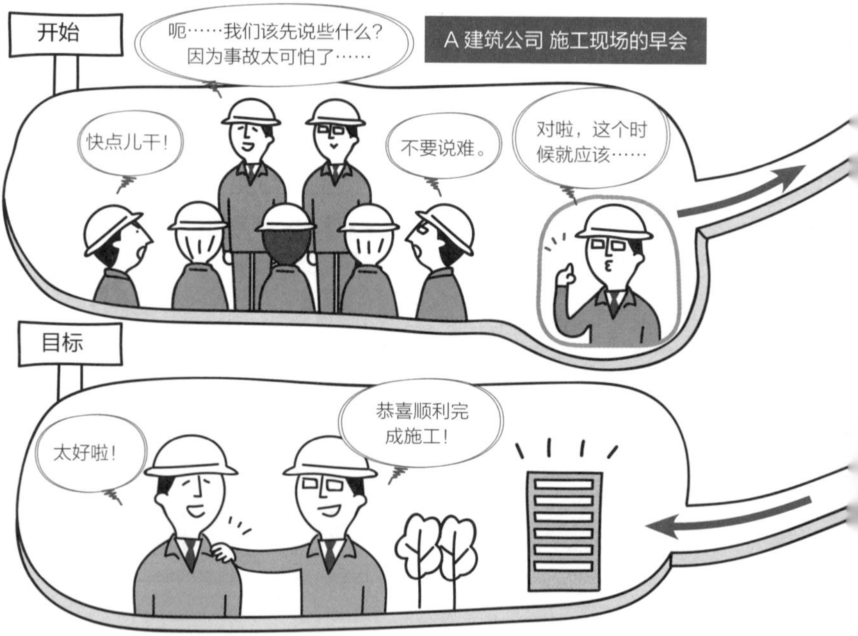

不仅对听者有益，对说者也大有益处。说者时刻专注于3个要点，并根据要点将说话内容进行有逻辑的整理后传递给对方，这样无疑增加了说服力。此外，在日常工作中，我们也会对事情的要点没有进行足够的总结，或者在事先的碰头会中没有充分考虑该问题。但即便如此，只要我们能够将讲话内容总结为3点，哪怕是一种强制性的分类，也仍然可以顺利地整理相关论点。只要声明“有3个要点”，那么无论是听者还是说者自身都将会认真整理与自己相关的信息。

小专栏

写文件时要总结出7个要点

与发言不同，写文件时要总结出7个要点，这样才有效果。这是因为要列出大约7个重点。我们要灵活辨析这两者的区别，做到有针对性地运用。

04 运用CRF（结论、依据、事实）原则会增强话语的说服力

CRF原则作为一种说明方法，其主要特点是灵活运用了“金字塔结构。”按照结论、依据（理由）、事实（证据）的顺序表达的话，就能增加说服力。

想要使说服力得到飞跃性的提升，有效的办法之一就是运用CRF原则。CRF原则是通过“3段金字塔结构”构建起来的。其中，“C”指的是Conclusion，即“结论”的意思；“R”指的是Reasons，即“依据（理由）”的意思；“F”指的是Facts，即“事实（证据）”的意思。首先，根据答案优先原则（Answer First）将结论放置在“金字塔”的顶端。然后，将依据（理由）分作3个要点依次摆放在“金字塔”的第二层。最后，为每一个依据（理由）配备一两个相应的事实（证据）作为支撑，并将这些事实（证据）放置在“金字塔”的第三层。通过这一方法，我

能够提高说服力的CRF原则

们就完成了“金字塔结构”的构建，同时也能将自己想要阐述的信息有逻辑性地传达给对方。

接下来，我们对CRF原则进行通俗易懂的解释。C：××商品很有发展潜力。R：①大家对该商品的评价很高；②性价比高；③为海外新闻所关注。F：针对R①的证据：来源于互联网上的评价；大胆使用新锐设计师。针对R②的证据：可以使用现有产品的某些零件；确立了低价购入原材料的进货途径。针对R③的证据：国外同类公司的销售实际业绩。

如上述这般，针对每一个重要原因的验证都非常通俗易懂，所以对方的理解程度也大幅上升。

小专栏

不要忘记批判性思维

CRF是一种非常方便的方法，但同时我们也不能忘记批判性思维。通过质疑作为结论基础的事实，来尝试检验其能否在逻辑上讲得通。

05 有效使用幻灯片

除使用语言进行说明之外，我们还可以通过幻灯片这种诉诸视觉传达的办法。我们一边让大家观看图片和表格，一边进行解释说明。这将达到较好的信息传达效果。

幻灯片是一款软件。众所周知，我们在会议等场合中提出或发表自己的规划、提案或意见的时候，视觉信息是十分重要的。因此，可以说灵活使用幻灯片成为现代生活中的必备技能。基本的制作方法为在每张幻灯片的空白背景中插入内容、1～3个图形和相关评论。我们的目的是让大家明白每张幻灯片所展现的全部内容。对讲话起到辅助作用的视觉信息可以极大地提高听众的理解力，因此我们必须学会灵活使用它。

有区别地使用各种各样的表达方法

我们想在幻灯片中传达某种信息时，必须要添加上与之相匹配的分析和事实。而我们之所以有必要向听者展示这些分析和事实，并不是只让其发挥图画的效果。相反，逻辑的力量很重要。如果信息和逻辑结构清晰的话，那么无论要表达的内容是“比较”也好，是“波动”或“变化”也罢，都可以根据个体性差异来变更结构。在演讲过程中，与听众进行交流的效果将根据幻灯片的完成程度而大不相同。即使你花费大量时间来制作幻灯片，但也请你有效地灵活使用它。

06 重视首次信息、定量信息和中立信息

与论文或报道等这类二次信息相比，鲜活的首次信息更为重要。另外，如果能再加上以数据为基础的定量信息以及客观的中立信息的话，就是如虎添翼。

如果我们囫囵吞枣地将论文或报道等二次信息完全吸收的话，就会出现异于事实的状况，引起场面混乱。这是因为二次信息是从信息源流出的片段信息而已。比如，有人看到某篇报道上写着“××车非常不错”，就买了一辆该品牌的车，结果却因为该车出现太多故障而感到十分不满。其原因可能是写这篇报道的人是将该品牌的车与过去的车做比较之后，才得出“非常不错”的结论。其实，我们应该在试驾之后再决定

熟练使用这3类信息

购买与否。这是因为我们通过自身体验获得了鲜活的首次信息。

可以说，灵活运用首次信息对于商务人士是必须要做的事情。首先，我们要通过自己的眼睛、耳朵和身体去感受那些通过二次信息无法描述出来的问题点，这样才有可能引导事物朝着更好的方向发展。其次，比较重要的是定量信息。它是基于具体数值之上的信息。比如，我们就“车”而言，比起“耗油量高”的说法，“耗油量为20千米/升”这一表述更显得具有说服力。最后，中立信息也很重要。从顾客或第三方处直接得到的意见和评价不带有任何的偏见，是非常重要且难得的判断材料。

07 赋予“金字塔结构”以某种故事性，以期打动人心

“CRF 原则”和“Answer First”（答案优先原则）是构建“金字塔结构”的基础。但是，如果我们能把其当作一个“故事”来构建的话，就能引起对方强烈的共鸣，从而达到令对方深入了解的目的。

我们依靠CRF原则所拥有的说服力和答案优先原则（Answer First）所引起的冲击力构建起“金字塔结构”。但为了进一步提高结构的水平，我们要像讲故事那样去构建逻辑体系。虽然它可能不会成为被关注的中心，但是当我们把想要表达的内容当作一个故事来叙述的话，就可以把大家的注意力集中到故事的进展之上，从而引起听者的同感。虽然让大家理解我们的逻辑是十分重要的事情，但是如果能通过“同感”这种感情要素来达到沟通效果的话，也未尝不是一件好事。要赋予“金字

通过添加感情要素，有助于加深对方的理解

塔结构”以某种故事性没有想象中那么困难。一方面，我们把想要表达的内容全部写下来。即便只是使用CRF原则写出大概条目也没有关系，只需把这些要素串联成一篇文章就行。另一方面，就要在这些文章中创造一条线索。在该阶段，我们没有必要拘泥于答案优先原则（Answer First）。只要能够产生出更丰富的内容，哪怕把结论放在最后的位置上也没有关系。重要的是，我们要将其描述成为一个完整的故事，把所有想要传达的信息通过该故事讲给听者们。

08 说话前的两个“确认”——确认课题（主题）

在说话之前和写文章之前，我们都要确定一个“今天要谈论的话题”。如果我们偏离了论点，就不知道究竟要向对方传达什么信息。

即使我们运用CRF原则构建了一个完美的“金字塔结构”，但还是会经常发现在开始之前就已经出现陷阱的情况。在验证课题的过程中，一旦发现该依据或事实的背后隐藏着其他重要原因，我们就会脱离原本应该讨论的主题，而将论述的重点转移至对这些原因的追溯之上。这样一来，我们就会认为当务之急是要解决这些推导结论过程中出现的问题，之后会将其优先程度提高到超过原本应该讨论的主题之上。其结果为在会场的讲话内容脱离会议主题。所谓演讲，指的是要将自己想要表达的想法传达给对

提防“自我中心病”

方，并得到对方的理解的行为。在验证课题阶段，即便是发现了问题点，只要我们一旦为此脱离主题的话，就一定会导致听者在问题理解上出现混乱。只要我们看一下“①验证课题→②发现问题点→③分析并解决问题的方法→④提出解决问题的方案”这个流程，就能明白问题出在哪里。③和④应该和原来的主题分开考虑，在其他场合再对其进行讨论。”自我中心病”的特点是经常自导自演地思考问题。我们必须提防这种情况的出现。

09 说话前的两个“确认”二——确认期待对方所做出的反应

进行一个通俗易懂的演讲十分重要。但与其同等重要的是要提前考虑清楚你希望看到对方出现的反应。根据我们期待对方出现的反应去修改、完善演讲的内容。

演讲的目的不单单只是将自己的想法传达给别人听而已。我们深入研究课题、验证依据和理由、收集事实与证据，其目的除希望对方能够理解自己所阐述的主题之外，还期待听者对此做出一定的反应。我们为了让对方呈现出自己所期待的反应，会做出很多努力。如果我们能将这些努力过程纳入演讲的方法论之中的话，一定会取得更大的效果。甚至可以说，让对方呈现我们所期待他们出现的反应是演讲的最终目的。

期待对方所出现的反应是多种多样的，也许是想要获得对方的赞同，也许是想要明白对方的需求（►P177），也许是想要从听者那里

我们期待对方所出现的反应流程为理解——建议——行动

获得某些建议。根据这些期待反应的不同，我们可以随时调整演讲的内容。根据讨论事件的不同，可以将演讲分为3个阶段。阶段不同，期待对方出现的反应也可以不同。例如，当我们提出某个方案的时候，在第一阶段可以期待得到听者对“提出方案”这种行为本身的认可；在第二阶段可以期待对方就方案提出一些建议；在第3阶段可以期待获得听者对方案的认可。根据期待出现的反应来改变谈话的内容也是十分重要的。

10 导致结论传达失败的陷阱一

我们推导出的结论和对方所期待的结论往往存在分歧。所谓结论，指的是课题的要点，也是自己想要传达的信息要点。

我们在就课题进行思考的过程中，经常会排列出各种各样的理由和依据。在每一个理由和依据的背后又存在着形形色色的事实与证据。猛然看来，我们构建起来的“金字塔结构”坚不可摧。但我们在总结整理这些理由、依据的过程中，分析结果被结论取代，与对方想要从自己这里谋求的答案出现了分歧。比如，当对方问我们“该选择A还是选择B”的时候，我们不能回答：“A不坏，B也很难舍弃。”因为对方想得到的答案是“选择A”或者“选择B”。

问题和结论必须协调一致

为什么会产生这样的分歧呢？那是因为在我们在一边思考“该选择A还是选择B”这一问题，一边进行验证的过程中，人为添加了基于“A当中的这一部分……”“隐藏在B之后的实际成效……”等事实之上的信息。而这些信息作为依据，最终导致出现“A不坏，B也很难舍弃”这样的结论。但是，如果我们不能继续深入分析，并给出“选择A（或B）。之所以这么选择，是因为……”这样的答案，那么对方是不能接受的。想要避免这种分歧的出现，最好的办法是时刻注意我们的分析要紧跟主题。

11 导致结论传达失败的陷阱二

即使我们非常明确地阐明了结论，但如果给结论增加附带条件的话，那么其效果一定会大打折扣。与其增加一些模糊不清的附加条件，不如表明相关的实施基准。

我们在演讲中阐明了结论，但如果给结论增加附带条件的话，那么我们的努力就全白费了。即使我们利用精准的CRF原则构建起“金字塔结构”，并通过该结构努力让大家理解了自己想要传达的信息，其结果（演讲失败）还是不变的。这是因为“没有具体性可言的模糊条件”会催生出各种各样解决问题的选择项。例如，我们得出“在A国投资”这样一个结论，之后再增加一个附带条件——“视具体情况而定，并非一定选择A国”。这样的话，大家就搞不清楚“具体情况”究竟指的是汇兑（▶P177）波动还是国际争端？究竟我们要不要停止在A国以外的国家或地区的投资呢？

时刻注意不要给对方模糊的选项

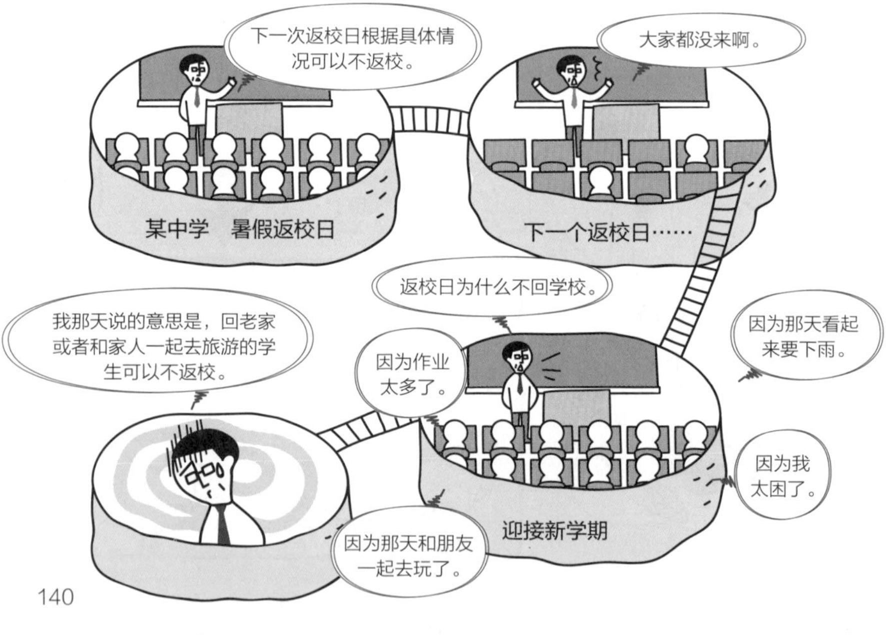

设定模糊不清的附加条件所带来的风险是，实施主体会根据自己的主观判断去解决问题。这样一来，就有可能胡乱理解主题，最终采取的行动与公司或委托人的意图南辕北辙、背道而驰。另外，实施主体也有可能据此而找借口说“办不成”或者“这些事情不需要做也没关系”。如果非要添加附带条件的话，那么该条件必须是基于“主题的本质”之上的。不能说“视具体情况而定”，而应该说“国际纠纷”；不能说“并非一定选择A国”，而应该说“这种情况下就选择B国”。这样一来，就变成可以补充课题的具体条件了。

12 导致依据传达失败的陷阱一

有些人只单纯强调结论，却不重视推导出该结论的理由和事实关系。如果不能灵活运用 CRF 原则和答案优先原则（Answer First），是不会产生效果的。

在讲话中运用答案优先原则（Answer First）能够给对方带来冲击。但是，如果仅仅只运用答案优先原则（Answer First），之后却不运用CRF原则的话，对话就不会产生任何意义。说话的人经常会出现的一个错误就是，“只单纯强调结论，而不分析产生该结论的原因和事实”。即使结论和课题相匹配，但只要没有使用“金字塔结构”来支撑这种关系的话，对方就不能理解自己的表达意图。之所以能得出某个结论，是因为其背后有许多相关的理由和依据作为支撑。而这些依据的背后又有许多事实和证据作为支撑。我们不能搞错这一逻辑顺序。

不能让对方理解的说话方式最终导致令人遗憾的结果出现

下面我们举一个反面事例。比如，现在有一个这样的提案：①想和A公司进行合作；②A公司拥有我们公司所没有的生产技术。对于提案①，我们先搁置争议。单纯就提案②而言，当大家看到这种表述的话，一定会产生“A公司的意愿如何”“该生产技术是我们公司所必要的吗”等之类的疑问。如果能针对每一个问题都找到相应的事实证据作为支撑的话，比如“A公司的合作态度很积极”“该技术对于我们公司未来的发展而言不可或缺”“预计一年以内就能产生经济效益”，那么从一开始大家就能判断出该方案值不值得探讨。如果只单纯提出一个方案，而没有任何参考资料的话，那么听者只会陷入迷茫之中。

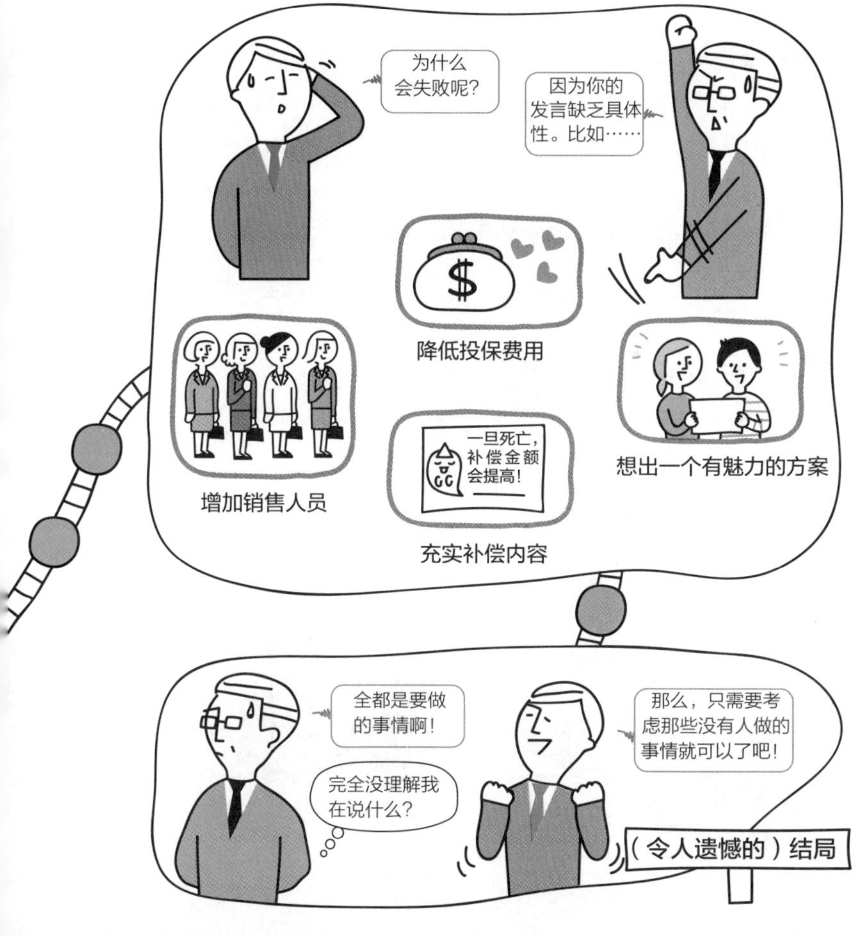

13 导致依据传达失败的陷阱二

只要 CRF 原则中的“F”是“作为证据的事实”，就一定可以提高“C”和“R”的可信性。但是如果对方没有清楚地认识到这种关联性的话，那么我们的努力就化作了泡影。

无论我们构建的“金字塔结构”如何完美，只要在作为其“基底支撑”的事实和证据中出现模糊不清的情况，那么理由和结论一定会变得毫无说服力而不堪一击。为了避免这种情况的出现，我们需要对这些作为证据的事实进行严格的区分，判断出哪些是客观事实，哪些是主观判断。所谓客观事实，指的是被数值化的数据。另外，当我们无法就自己的判断或假说明确回答出推导过程和问题点时，事实和证据便发挥出支撑理由的作用。最大的问题是我们分不清哪些是客观事实，哪些是主观

必须要分清楚哪些是客观事实，哪些是主观判断

判断。从听者的角度来看，如果我们不能明确这个问题，那么他们一定会认为我们的理由和结论的可信度非常低。客观的事实指的是具体的数值之类的资料，而主观的判断指的是关于从结论推导过程的说明。如果我们将两者搞混的话，听者一定会做出以下判断：没有事实和证据→依据和理由薄弱→结论可疑。我们必须要分清楚哪些是客观事实，哪些是主观判断，提前准备好可以佐证该事实的证据。

14 导致依据传达失败的陷阱三

有些人会一厢情愿地对那些与课题相关的前提条件和判断基准做出判断。问题的答案取决于如何看待这些事实。

所谓前提条件，指的是解释为什么我们必须完成该项任务的理论基础。只有确定了前提条件，才能构建CRF原则的“金字塔结构”理论。换言之，前提条件是构建“金字塔结构”的场地。当我们提出“大量销售A产品”这样一个问题的时候，除要阐明“为什么要销售A产品”的理由以及支撑该理由的事实之外，还要讲清楚是如何确定“销售”这一前提条件的。如果说话的人认为这些事情是理所当然且无须解释的话，那么在阐明问题之前一定会引起听者思维混乱。

明确与问题相关的判断基准

同样，我们也不能一厢情愿地只依靠自己个人的想法就对判断基准做出决定。判断基准指的是处理与该主题相关的各种情况的规则，例如，“在这种情况下执行此操作”和“在那种情况下执行此操作”等。如果判断基准不稳定的话，那么在产生纠纷、事业扩大或衰退等问题发生的时候，我们就会乱了阵脚。如果我们能够在明确传达前提条件之后再进行问题解释，并且还能够明确判断基准的话，就可以避免由于过度依靠自己个人的想法而引起混乱的情况出现。

15 导致方法传达失败的陷阱一

无论是在 10 年前还是在 10 年后都能够通用的抽象的战略，不过单纯只是一个“定义”而已。如果不能根据本公司的实际情况提出具体可行的办法的话，那么我们是无法将自己的想法传达给对方的。

一个企业的经营战略必须随着时代和事情的变化过程进行灵活的调整。在会议上，当我们讨论公司今后的发展方针的时候，一定会有人提出无论是在10年前还是在10年后都能够通用的抽象的战略。这种发言就像把教科书上的内容原封不动地背下来一样。像这种能够通用的战略，充其量不过只是一个“定义”而已。这种共同法则同样可以为其他公司所用，所以这并不能称得上是自己的想法。我们在阐述战略的时候，必

只依靠方法论式的定义是无法促使问题得到解决的

须利用逻辑思维思考过一切事情之后才能组织具体的语言表达。这种方法不单单应用于会议场合。在日常工作中，我们经常与那些从不表明具体命令和要求的上司及客户打交道。这种时候，我们不能只站在自己的角度去推测对方的想法。我们可以尝试向对方询问："您的要求是这样的吗？"这样我们就可以断定对方的想法了。传达信息是说话的人与听话的人的共同行为和共同责任。

16 导致方法传达失败的陷阱二

通过增加修饰语来增加内容的“水分”，是没有任何积极作用的。我们要学会追寻问题发生的原因并对其进行验证之后，才能提出具体的问题解决对策。

有很多人在埋头研究某问题时，一旦无法理解问题的本质就会在描述的时候增加许多修饰语来充实内容，以此来达到蒙混过关的目的。但是，无论我们如何去修饰，也无法改变内容本身。因为问题不会自然而然地进行自我解决，所以有时候我们很难进行具体的说明。这种情况下，我们要学会追寻并检验哪些是自己能理解的，哪些是自己无法理解的。在措辞和组织语言之前，首先要进行思维方法的检验。首先，对于

“具体性”不只是语言表达上的问题

那些已经理解了的事物，我们要问问自己“为什么会变成这样”和“为什么会发生这样的事情”。当我们把这些想法写出来或者说出来后，就可以具体地思考“该如何做才能解决这一问题”了。我们之所以能够把这些想法写出来或者说出来，是因为我们可以认为自己已经了解了问题的本质。另外，我们要尝试站在对方的立场上认真考虑“我要理解问题到何种程度才能展开具体的行动”。这也是一个非常有效的方法。

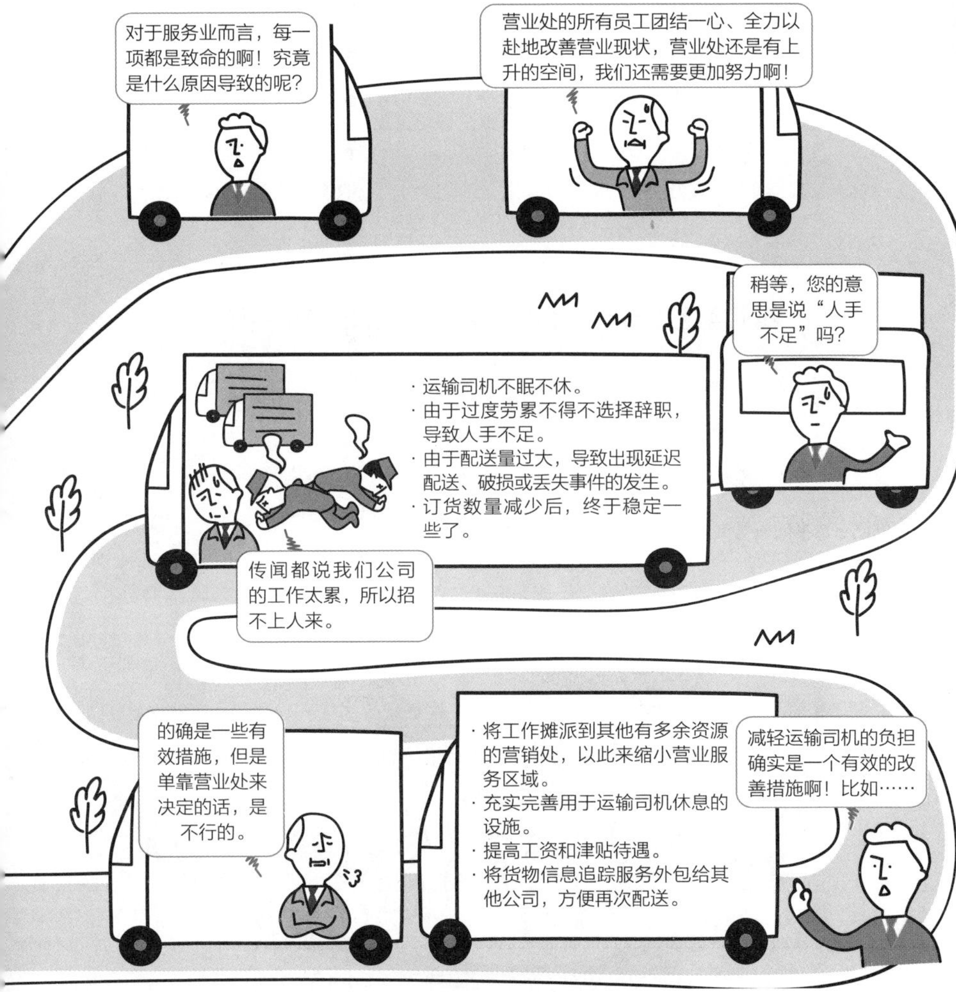

17 说话时颠三倒四说明大脑一片混乱

我们在对多个理由进行说明的时候，经常会出现内容上的重复。如果说明的内容本身就逻辑混乱，那么大家对结论的信任度一定会大打折扣。

在演讲中，总结梳理出3个依据来支撑论点，是一种非常有效的办法。但是，我们会经常在这3个依据中发现重复性的表述。当然没有人会像复读机那样重复完全相同的话，有些问题猛然看起来好像给人一种切入点不同的感觉，但实际上想要表达的内容却都有重合之处。为了防止这种情况的出现，我们要在说话前对课题进行认真的整理，列出客观的资料或数字等，以此来谋求不同依据的差异化。这样一来，即便是看起来很相似的观点，也是在对不同的问题进行有针对性的讨论。想要解决

我们要注意那些由于更改单词所带来的语义重复

语义重复这一问题，并不能只单方面依靠说话的人，还需要依靠听者的帮助。首先，听者在听别人讲话的时候能够很快发现哪部分出现了重复的内容。因为作为说话的人，在演讲的过程中总是一厢情愿地认为自己已经对要点进行了很好的分类，实际上并非如此。这样一来，说话的人就在不经意间放过了那些重复的内容。而作为听者，在分析说话内容之后，一旦发现有重复的部分，就可以针对这些重复之处向说话的人提出具体的问题。这样，说话的人很快就能察觉自己的错误吧?

18 说话时丢三落四会让对话毫无可信性

我们在就主题进行论述的时候，会遗漏一些非常重要的内容。无论我们如何认真地践行 CRF 原则，只要我们在说话过程中夹杂着一些一知半解的内容的话，就无法取得听者的信任。

我们经常会利用CRF原则构建一个理论体系，并利用该体系在会议中阐述自己的想法。但是，无论我们构建的这个理论体系如何牢固可靠，却也总是会犯一些出乎意料的错误。究其原因，是自己对该主题的知识储备不足。比如，我们往往会根据某个商品目前十分畅销的现状来轻易做出继续大量销售的决定。但实际上目前该产品的原材料××已经被限制进口了。如果我们没有事先了解到这一情况，那么一旦在讨论过程中被大家问到的话，该怎么办呢？假设在参加会议的所有人当中，只

遗漏了重要信息的结论不会得到大家的信任

有你一个人不知道这件事，那么应该没有一个人会认真听你的讲述。因为你所讨论的商品正面临着不知何时原材料就会断供的风险。

这就是在说话过程中信息丢失的基本体现。在确立主题的时候，一旦遗漏本应该提前知晓的信息的话，就会犯错误。虽然这个错误看起来不大，但在商务界，这极有可能会导致信用的丧失，带来巨大损失。要避免出现这种情况的唯一办法就是要能做到回归问题的本质、时刻紧随主题、及时收集和主题相关的信息和风评、根据实际需要进行现场调查、提前制订合理的实施计划等。我们在认真推进计划实施的过程中，也不能忘记做好调查和信息收集工作。

19 说话时东拉西扯会让对话脱离原有目的和主题

在推进会议的过程中，如果我们提出和会议主题完全无关的“R”和“F”，一定会引发分歧。东拉西扯只会让对话脱离原有目的和主题。

在会议中讲述自己观点的时候，总有人会脱离会议主题，说一些东拉西扯的话。无论“主题=结论”明确与否，只要说话的人非常确信该论述没有矛盾之处，就会一直自信满满地说下去。如果在听者当中有人能注意到说话的人已经偏离了主题，并加以提醒的话，那么最终就只是造成了时间的浪费。但是，一旦提出与“废话”相匹配的“R”与“F”的话，那么就会引导大家在不知不觉间接受内容的转变，最后导致对话脱离了原有目的和主题。如果这样一直继续下去的话，最终只会得出和主题毫无关系的结论。

接下来，我们举一个例子。假如现在正在召开一个会议，会议的主

如果你没有注意到差异，则可能会忽略问题本身

题是“投资对象究竟该选择A公司还是B公司”。但是在进行会议的过程中，忽然有人提出“实际上C公司正在研发新技术”的话，听者们最终会把会议的主题变成“把C公司也加入讨论范围内”。当然，最终选择“投资对象究竟该选择A公司还是B公司”这个主题还是选择“把C公司也加入讨论范围内”这个主题不是我们讨论的重点，但是最终“C公司也很有合作潜力”这一方法导致了讨论脱离原有目的和主题。如果有人提出“把C公司也加入讨论范围”不是今日讨论的主题，我们应该引导话题回归正轨的话，那么讨论的话题就能回归原来的主题了。

20 说话时脱离主题会让对方产生不信任感

在就主题进行讨论的过程中，最让人感到为难的情况是脱离主题。明明在阐述依据和理由，但最终却得出一个与其毫无关联性的结论，这实在让人无可奈何。

在会议过程中，当我们正在认真听对方讲解他所构建起来的CRF金字塔结构的时候，中途会非常明显地感受到一种违和感。之所以会出现这样的情况，其主要原因是谈话内容脱离主题。虽然这个“金字塔结构”是经过缜密思考之后构建起来的，但是也会出现事实被替换成公司内部的事情或愿望及依据脱离现实等情况。之所以会出现脱离主题的情况，其实是不确定因素对结论横加干涉的结果。在导致出现错误结论的原因之中，脱离主题的风险系数是最高的。

脱离主题会引起讨论局面的混乱

假设某公司以“业绩较差”为理由，督促公司职员去寻找新的客户，把服务老客户的工作任务交给外包人员，并且发通告表明销售成绩仍然一蹶不振的职员将被裁员。但客户讨厌外包工作人员的服务态度，所以会联系之前的负责人。最后，公司职员会因为不得不继续对接老客户而无法开拓新市场被解雇。这样一来，公司就会陷入人才不足的僵局之中。客户和销售人员信任这一事实被公司希望通过开拓新市场改善业务绩效这一愿望所取代，最后出现脱离主题的情况，一发不可收拾。

脱离正轨“结论”会使整个组织架构破绽百出

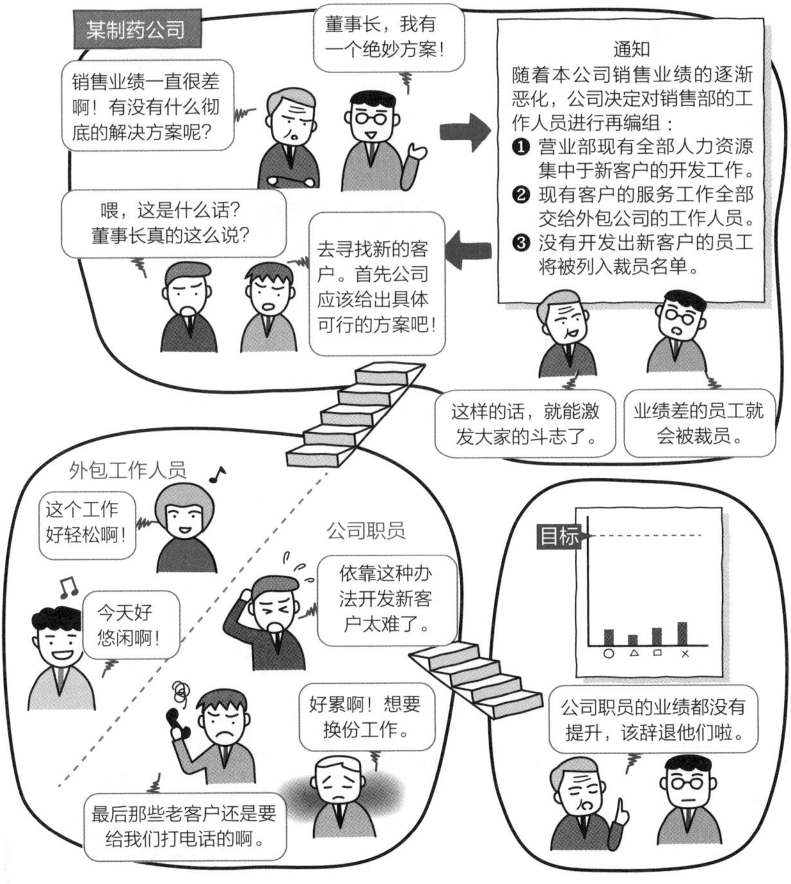

进行逻辑性说明之后的任务是要让对方想象到该画面

当我们利用 CRF 原则获得对方的认可之后，还应该继续努力让对方关心这件事情。想要达到这种目的，其方法就是要让对方想象到该画面，这样会有利于进一步提高演讲效果。

假如听话者对我们的结论表示理解，换言之，我们获得了对方的认同。但是，如果我们就这样戛然而止的话，无异于半途而废。为了让对方的心意进一步向自己一方靠近，可采用“头脑画面”的方法。既然对方赞成结论，那么接下来我们要做的就是思考一下对方想要谋求的事物，然后我们帮助对方将其变得更为具体。为达到这一效果，有以下两种方法：一是促使对方在脑海中构想该画面；二是在该设想的画面中添加听者的位置。“促使对方在脑海中构想该画面”这一方法指的是就听者

具体的画面构想有利于实现最终目的

感兴趣的对象展开具体的描绘。比如我们在考虑购车这件事情，我们可以为对方详细地描绘这辆车的美丽外观、高质量的内部装饰以及购车后家人露出的笑颜等。如果运用“在该设想的画面中添加听者的位置”这一方法的话，可以让对方想象一下正在实际开车的场景：自己开车外出兜风，惬意地欣赏周围的景色；开车飞驰在高速公路之上；搭载恋人或朋友等快乐场景。这样的话，听者一定会表现出强烈的兴趣。

22 “俯瞰”正在对话的自己与对方

只表明自己的主张是无法说服对方的。理解对方的心情也至关重要。我们要学会“俯瞰”正在对话的自己与对方，掌握这种“超认知”的方法。

在谈话过程中，如果我们一直自说自话、单方面强调自己的主张，是无法将信息传达给对方的，因为对方有自己的想法和心情。那么我们应该如何做才能让对方理解我们的想法呢？首先，最重要的点就是要学会“俯瞰”正在对话的自己与对方。我们把视线投向高处，尝试想象一下自己和听者的样子。这样我们就能知道对方眼中的自己是什么样子，同时也能结合听者的反应改变自己的说话方式。

客观地观察自己有助于我们掌握事物的全貌

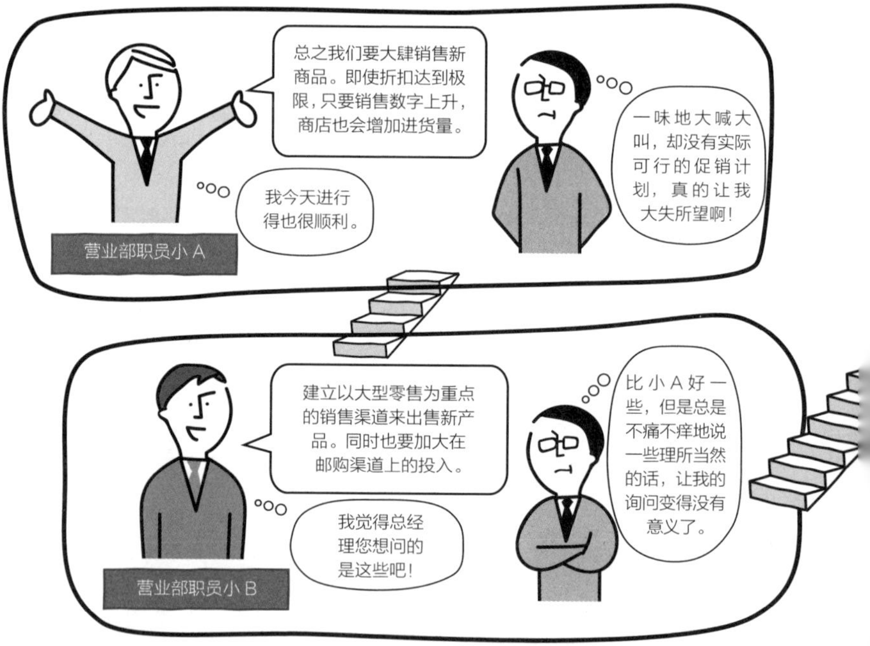

具体来说，我们可以在会议开始之前，亲身坐在听者的位置上感受一下。假装自己就是听者，想象一下站在讲台上的自己是什么样子，并且进行认真观察的话，就能更加客观地了解正在演讲的自己，从而会更加容易地发现问题、解决问题。另外，在彩排过程中，如果能够审视一下自己的姿态、调整一下自己的音量和语速的话，就可以切实拉近自己与听者之间的距离。这种指导自己如何认知自身的方法叫作“超认知”，我们一定要掌握并运用它。

23 根据需要做好前期准备和事后跟踪

在策划说明会上，往往会一局定胜负。但在公司内部会议中，如果我们有机会做好前期准备和事后跟踪等工作的话，那么一定要利用好这个机会。

大多数情况下，听者理解不了你所说内容的80%。换句话说，只要你可以利用好用于阐明主张的“核心1分钟”，就有可能动员听者们。剩余的时间要用于完善主张，以达到更加容易动员大家的目的。

策划说明会可以分为“核心1分钟”和“完善主张的时间”

另外，如果在策划说明会前后我们有机会做好前期准备和事后跟踪等工作的话，那么一定要利用好这个机会。虽然这样做的负面影响是会浪费策划说明会之外的时间，但是如果这样做有利于对方加深对问题的理解并开始付诸行动的话，那么我们一定要彻底地抓住这个机会！

做好前期准备和事后跟踪工作并非拖拖拉拉

24 “SDS法”和“PREP法”

用于传达信息的说话方式中是有固定模式可以利用的。其中，两个有名的框架结构为“SDS 法”和“PREP 法”。

“SDS法”指的是在说话最初和最终阶段要准备概要论述（►P177），在中间部分要做好详细说明（►P177）工作。因为在最初阶段我们已经对讲话的整体内容做了概要论述，所以我们可以使听者更容易理解谈话内容的其余部分。另外，通过突出强调详细的故事情节演变，可以达到完善总结的目的。该方法适用于演讲或介绍商品等说话时间较长的场合之中。

“SDS法”是将详细说明放置于两个总结之间

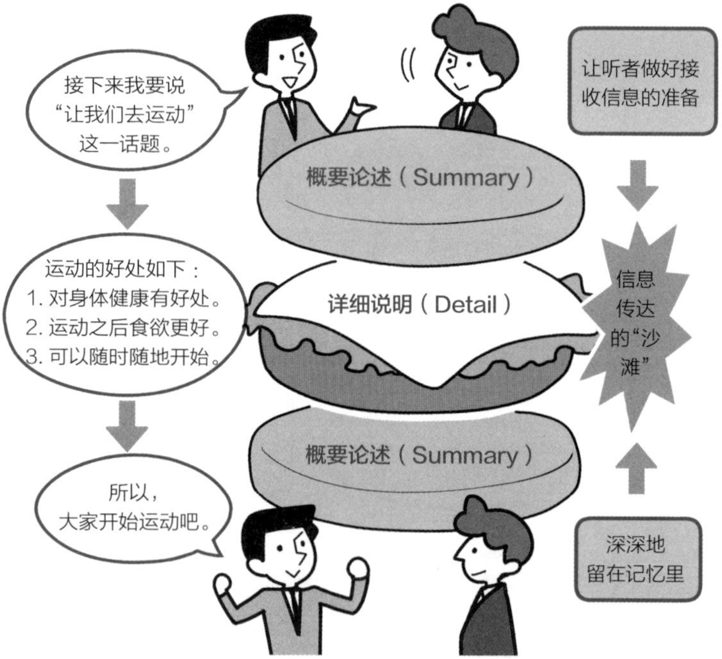

“PREP法”指的是在最开始的时候先论述要点（Point），之后再利用依据（Reason）和具体事例（Example）对其进行完善，最后重申要点（Point）的方法。与“SDS法”不同的是，“PREP法”无须突出强调详细的故事情节演变过程，因此该方法适用于公司内部报告会或策划方案说明会等时间较短的场合之中。但是，有时使用这种方法会造成听者印象不深刻的结果出现，所以我们是根据实际情况有针对性地采取不同方法。

“PREP法”是通过具体事例加强依据的作用

25 用于解释新方案的“PCSF法”

可以在策划方案说明会上使用的固定模式除了“SDS 法”和“PREP 法”之外，还有很多种方法。下面我们要介绍的是“PCSF 法”。

“PCSF法”是在介绍最新起步的、创新性方案的时候会用的框架结构。最开始的时候先通过介绍问题（Problem）以及由此引起的变化（Change）来促使听者构想出相关场景，并可以加深其对解决对策（Solution）和未来前景（Future）的理解。

在最初阶段提出问题，有利于引起对方的兴趣

如果我们认真分析“PCSF法”和上文列举的“SDS法”和“PREP法”的话，就能发现一个成功的演讲内容一定是由结论→依据→实际事例这三个部分构成。我们只有认真考虑如何才能动员听者、如何才能让整体流程顺畅，并尝试自己制作框架结构，才能成为一个擅长演讲的人。

26 发现对方的疑惑之处

开会过程中突然被提问的时候，大脑会瞬间一片空白。但是，解决这一问题的诀窍其实就隐藏在对方的问题里。

说一些事先准备好的内容，自然是没有问题的，但是一被提问就会变得焦躁不安。之所以出现这种情况，是因为面对对方提出的问题，自己不知道应该从哪些方面来回答。要解决这个问题，我们就要创建一种“应对提问的回答模板”，通过这种模式我们可以开动大脑，从而解决问题。

突然被提问的话，就想着立刻回答该问题，这样一来就容易变得焦

没有组织语言就回答问题的话，大脑会一片空白

虑，所以会有很多人在考试的过程中不读问题就直接写答案。同样的道理，首先我们要把握住“对方在问什么”。只有理解这一要点之后，才能根据提出的问题决定好答案（主张），然后再列举出可以补充这一回答的依据和具体事例，如此就可以得到一个完美的答案。

首先根据对方的提问予以相应方式的回答，再添加上原因和具体事例

27 导致交流失败的4种忌讳

有好的沟通方法，当然也就有差的沟通方法。在这里，我要讲解一下导致交流失败的 4 种忌讳。

最常见的忌讳就是讲述自己有多努力。说话的人试图通过强调自己有多努力来使别人更加相信自己的主张，但听者则希望能尽快听到结论。同样，如果在发表的时候加入各种“段子”和“包袱（笑料）”的话，其结果往往只会导致冷场、适得其反。所以，我们要努力避免这样做才

冗长无聊的内容一定是废话连篇

是明智之举。

另外，有些人由于过分关注所有的参会人员，结果造成讲话内容晦涩难懂的局面，也有些人为此一不小心说漏了主张的负面影响。特别是在商务场合，能够明确自己的定位和主张是非常重要的。对他人的过分关注和一些对负面影响的论述要适可而止。

3. 过分关注

自己发言时过分关注所有参会人员，结果造成讲话内容晦涩难懂的局面。开会时，必须明确自己的定位。

4. 说自相矛盾的话

有些人希望对方在了解主张的负面影响后再做出判断，所以在发表时也强调负面影响。但这样的话，自己的主张就会被削弱。阐明主张后顺带提及负面影响即可。

28 演讲就像音乐家那样在现场进行表演

从“把自己的信息传达到听众”这一目的来看，作为演讲者的我们要从正在进行现场表演的音乐家那里学到的东西有很多。

在演讲的过程中，对方不仅在注意听你所说的话，也在注意你的说话方法，演讲节奏。如果在这方面有所欠缺的话，无论你讲述的内容有多么充实，对方会对你所说的话感到不放心。说话的时候，表达方式（传达的方法）很重要。

演讲的表达方式很重要

在演唱会上，有时候音乐家会潜入到观众席之中。通过这样物理性的接触，能够达到精神层面交流的目的。演讲也一样，要通过一些行为举止牢牢抓住听众的心，这一点十分重要。把听众想象成来听演唱会的观众，为了能够让信息更容易传达到听众耳中，我们需要做出相应的动作与神态。

做出向对方“搭话”的姿态，可以增加亲近感

专栏 6

学会“愤怒管理法”

在我们有条理、有逻辑地讲话时，最大的敌人就是自己的情感。但当我们过分执着于无论如何都要把自己的想法传达给对方的时候，就会头脑发热、语速加快、焦躁不安，最后忘记说明最重要的点。在这种情况下，就会有人向我们故意提出刁钻的问题，或者全然不听我们正在讲述的内容。

如果这个时候我们愤怒了，就会增加自己的负担，那么商务谈判也会就此告吹。对于商务人士来讲，必须要学会管理好自己的愤怒与感情。

近些年来，有人把这种控制愤怒的方法论称为“愤怒管理法”。所谓“愤怒管理法”，就像其名字那样，指的是熟练地与愤怒周旋的方法。不要被自己或别人的愤怒所操纵，只有通过熟练地控制愤怒才能让生活舒适，才能实现更美好的人生。它不是让大家去进行“精神修行”来达到不生气的目的，而是一种教给大家如何通过知识和技术来处理愤怒的技巧。

如果能学会“愤怒管理法”，那么对于我们训练逻辑思维是非常有帮助的。

术语说明⑥

需求（P136）

当需求作为市场营销用语被使用的时候，它指的是人们日常生活中所必需的某种满足感消失之后的状态。另外，我们可以说探求消费者的需求是市场的作用之一。

汇兑（P140）

汇兑指的是两种货币之间兑换的比率（例如，美元和日元）。最初，它是一种通过现金以外的其他方式（例如，汇票、支票、银行转账）进行付款的方式。

概要论述（P166）

词源是英语单词“Summary”，经常被翻译为概要或摘要，指的是对长篇幅文章或数据等内容进行简短概括的行为。概要论述有时会被附在报告书或论文之后。这种做法是为了满足读者内心当中“想要尽快把握要点”的需求。

详细说明（P166）

词源是英语单词“Detail”，意思为详细或细节。大家经常会使用“专注于细节”这一说法，它指的是不关注整体情况，而是关注一部分的细枝末节。在商务场合中，详细说明多用来指策划案、计划书和预定方案的详细内容。就像“请完善A项目的详细信息”这句话所描述的那样，“detail”指的就是某事物中的细节部分。

公司

第7章

通过思考实验锻炼逻辑思维

为了锻炼逻辑思维，我们可以通过“电车难题”“忒修斯之船”和“阿喀琉斯与乌龟”等有名的思考实验来锻炼大脑。这是非常有效的。

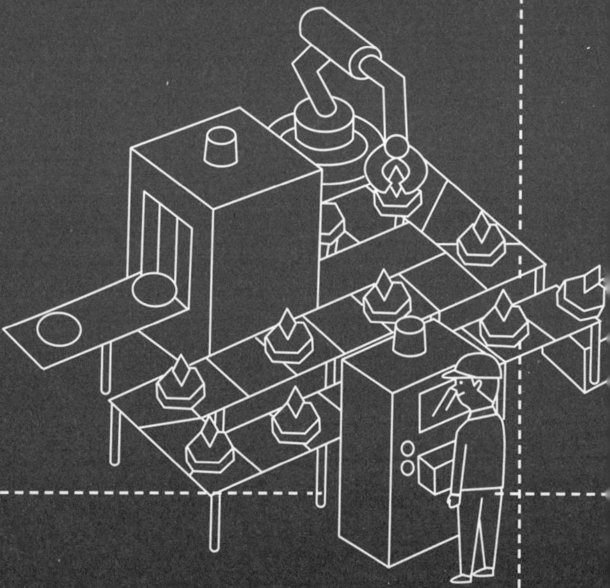

01 电车难题

为了提高逻辑思维能力，进行思考实验是很有效的。其中具有代表性的是“电车难题”。为了救助多数人而牺牲少数人的行为是正确的吗？

在思考实验中极具代表性的“电车难题”是由英国的哲学家菲利帕·福特提出来的。失控电车在沿着轨道风驰电掣般地驶来，一方面，在这个路线的终点上有5名工人，如果一直这样行驶下去的话，那么这5个人都会死于

相比救1个人而言，救助5个人是正确的选择吗

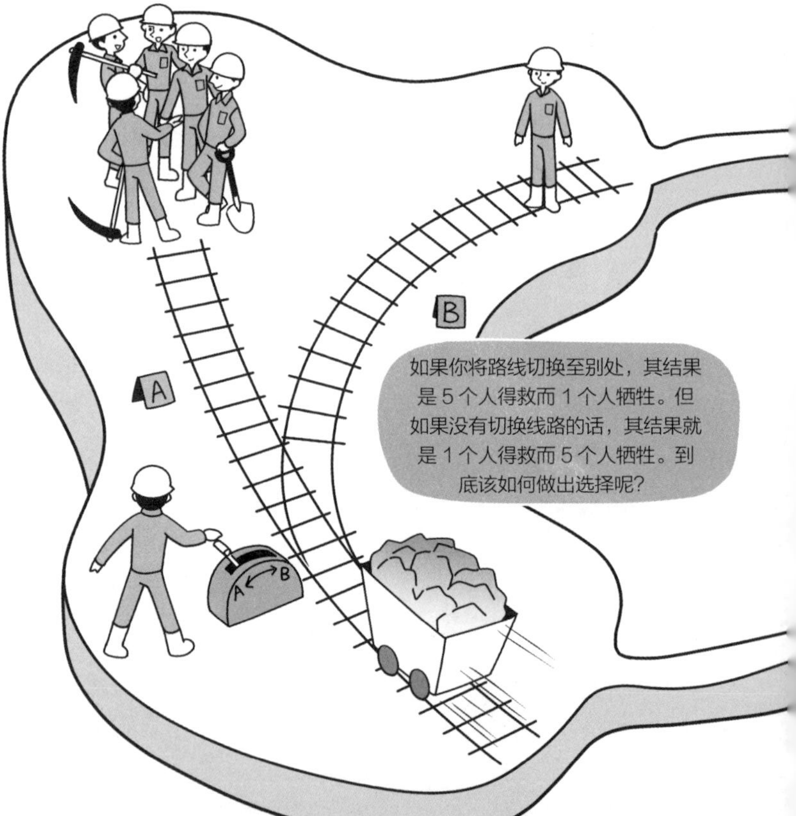

非命。另一方面，在中途有可以用来切换路线的开关，而你就站在开关处。如果你将路线切换至别处，那么这5个人就能得救。但是在另一条路线上也站着一名工人。换言之，如果切换路线的话，其结果是5个人得救而1个人牺牲。但如果没有切换路线的话，其结果就是1个人得救而5个人牺牲。到底该如何做出选择呢？这个问题没有正确答案。一方面，主张救5个人的意见是和功利主义中所主张的“最大多数的幸福原则”（►P209）理念比较接近。另一方面，之所以有人主张救1个人，是因为他们觉得切换开路线是有明确的意识要杀掉一个人的体现，而我们应该避免这种事情的发生。

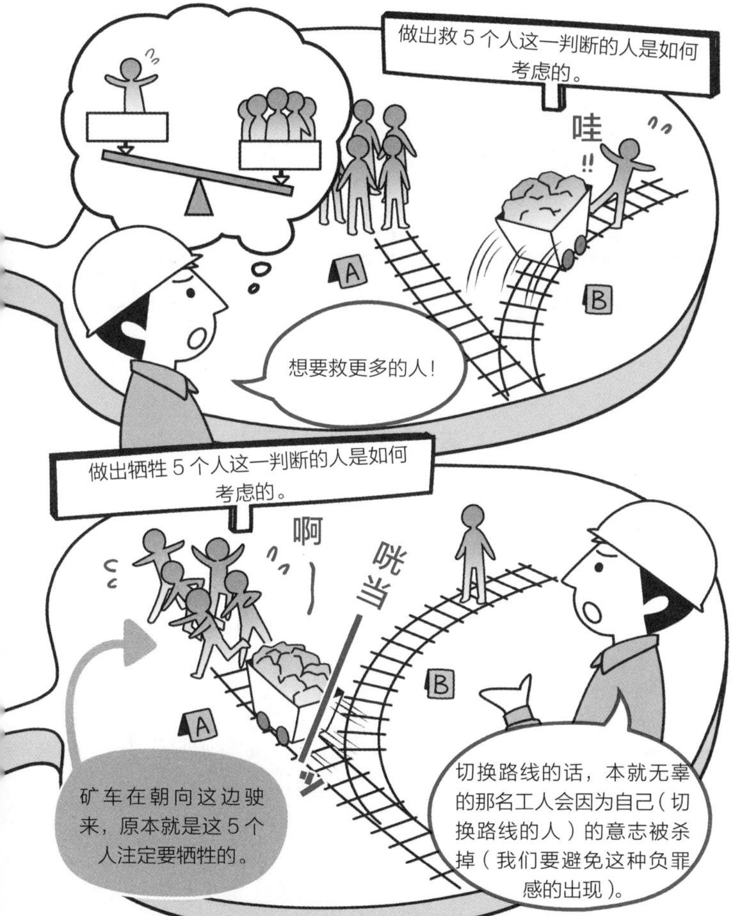

02 忒修斯之船

在思考实验中，“忒修斯之船”也是一个著名的案例。假定某物体的构成要素被新材料置换后，它依旧是原来的物体吗？“忒修斯之船”就是在探寻关于“同一性”（▶ P209）的问题。

“忒修斯之船”是古希腊的一个悖论。在雅典建造的这艘船，由于不间断地进行维修和替换部件、用新木材替换坏掉的部分，最终所有的部件都被新木材替换了。那么这艘新船还可以称作真正的“忒修斯之船”吗？更让人为难的是，工匠用换下来的腐朽的木板，又重新造了另外一艘“忒修斯之船”。虽然这艘新造的船破烂不堪，感觉马上要沉了，但是

通过“传说之船”考虑“相同=原物”这一判断标准

造船所使用的部件都是最原始的木材。那么，这艘复原的旧船和那艘维修之后的新船，哪一艘才是真正的“忒修斯之船”呢？经过维修的那艘船和最原始的船从功能上来看是一样的。并且，如果我们认定它已经不是“忒修斯之船”的话，那是这艘经过数次修理的船是从哪个时刻开始变成“伪忒修斯之船”的呢？另外，后期的历史学家更倾向于认为复原的船是真正的“忒修斯之船”。判断的标准不一样，得出的结论也自然不同。

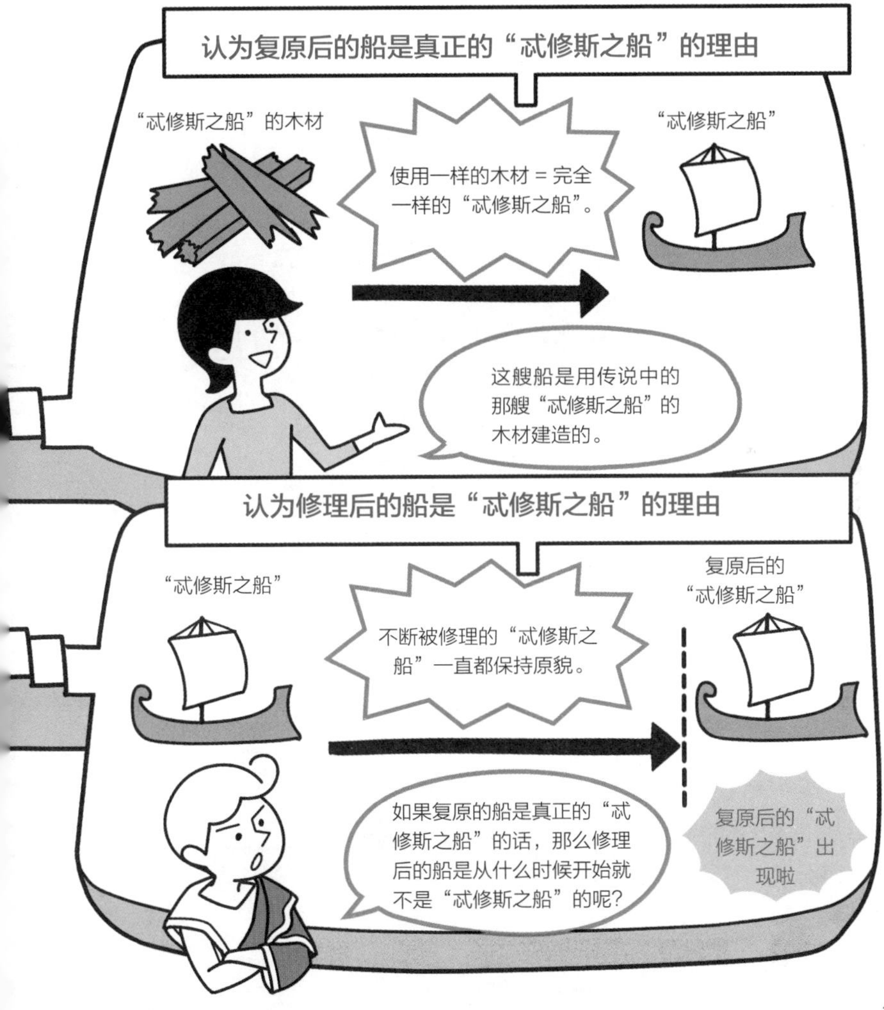

03 阿喀琉斯与乌龟

"阿喀琉斯与乌龟"是由古希腊数学家芝诺提出的悖论之一。年轻的阿喀琉斯跑得很快，但他却追不上乌龟，这是为什么呢?

年轻的赛跑能手阿喀琉斯与乌龟赛跑。但阿喀琉斯的起点比乌龟的起点稍稍靠后。那么这场赛跑结果会如何呢？一般人都会认为，阿喀琉斯跑得很快，他肯定能轻易地超过乌龟，到达终点。但结果并非如此。

阿喀琉斯永远也跑不过乌龟吗

乌龟的起点在A，稍稍往前一点是B点，再往前一点是C点……阿喀琉斯和乌龟同时开始跑，当阿喀琉斯跑到A点的时候，乌龟已经到达B点了，虽然乌龟跑得很慢，但是它确实也在向前移动，此时已经不在A点了。以此类推，当阿喀琉斯跑到B点时，乌龟已经到达了C点。这个过程不断循环下去的话，阿喀琉斯永远也超不过乌龟。这一悖论是建立在阿喀琉斯与乌龟的相对位置关系之上的。

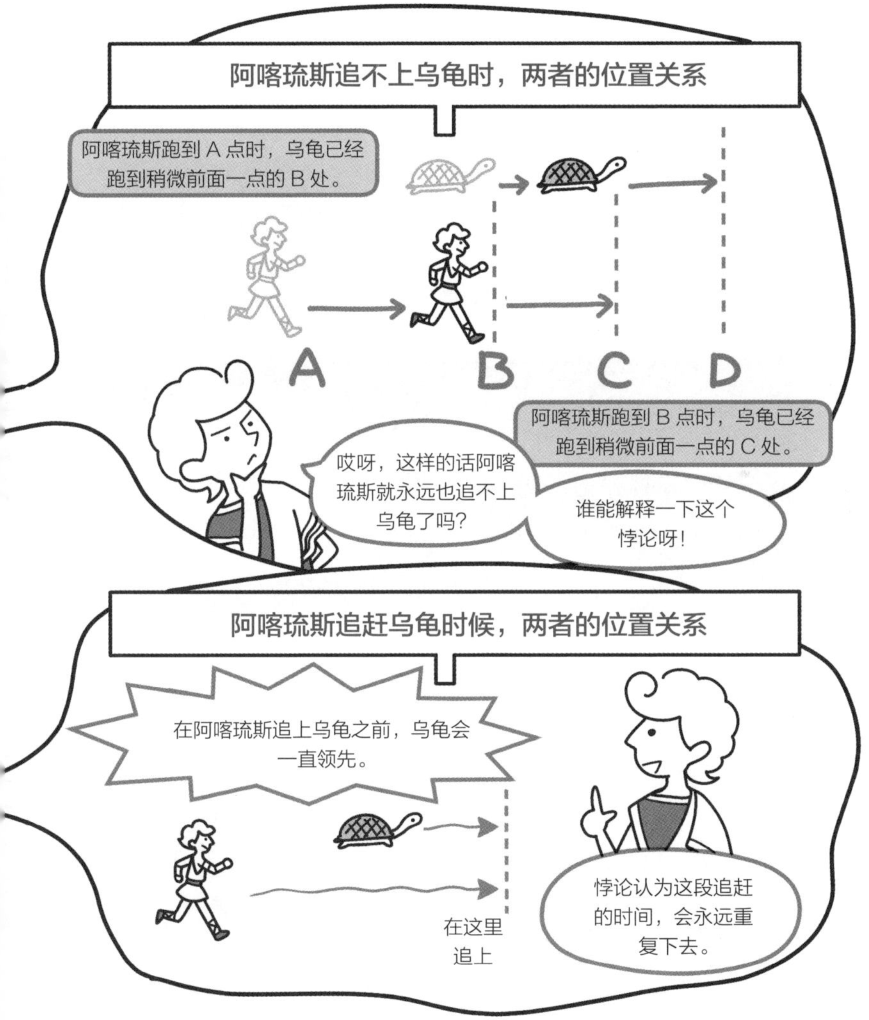

04 生日悖论

假如有一个 30 人的班级。在这 30 人中，有人是同一天生日的概率是多少？正因为这是一个悖论，所以其答案令人意外。

在一个由30人组成的班级里，有人是同一天生日的概率一般来说会比较低。假如一年有366天（包括闰日），那么30/366就是8%。这是通过正确的概率计算，自然而然得出的一个确切数字。那么，这个概率存在的前提是每个人的生日都不在同一天。只需要在原有数字的基础上减去1即可。比如，A的生日是1/366（366天选1天），那么根据不重复的概率原则来计算的话，B的生日为365/366（366天中有365天可供选择）。以

预想的数值与数学上的数值之间的差异

此类推，C的生日不能与A、B同为一天，那么其概率为364/366（366天中有364天可供选择）。这样，我们计算出全班30人的概率之后，将其相乘的话，就可以算出“30个人都不是同一天生日”的概率。其计算结果就是0.294(29.4%)。用1减去这一概率的数值，得到的结果是0.706。换言之，有人是同一天生日的概率是70.6%。这个数值大得让我们感到意外。我们预想的数值与数学上的数值存在着差异。这是值得我们深思的地方。

05 懦夫游戏

"懦夫游戏"指的是两名车手以迅猛的速度驱车相向而行，敢于不避开的一方即为胜者。那么，这个游戏的攻略法则是什么呢？

这个游戏的结果分为4种。A结果为自己没有让开，而对手让开，此时自己就获胜了。但是对手未必一定会让开。B结果为双方都觉得对方一定会让开，而选择继续前行，最终因为正面撞击而双双丧命。C结果为自己因为害怕B结果的出现而选择自行让开，最终自己以失败告终，被称为"懦夫"。但是这总比丢掉性命要好得多。最后，D结果为双双让开，最终双方均以失败告终。虽然这两位选手成为败者，但是却保住了性命。最终，我们可以建立这样一个模式：觉得对方一定会因为畏惧死

赌命游戏的胜利条件

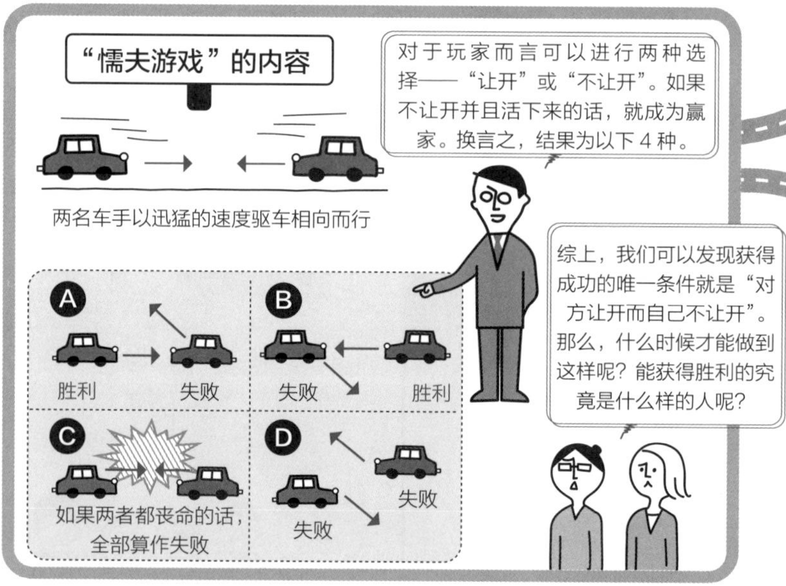

亡而让开→所以继续前行→但是对方也因为有同样的想法而继续前行→如果这种推测成立的话，那自己就应该让开。由此可见，D结果是最合适的答案。假设现在有一名可以猜透别人心思的占卜师和选手同乘一辆车的话会怎样呢？因为能够看透对方的心思，所以和占卜师同乘一车的选手一定会获胜。但是如果我们站在没有和占卜师同乘一车的选手这一方来考虑的话，自己如果坚持继续前行的话，那么害怕死亡的对手一定会让开。这样一来，没有和占卜师同乘一车的选手就获胜了。

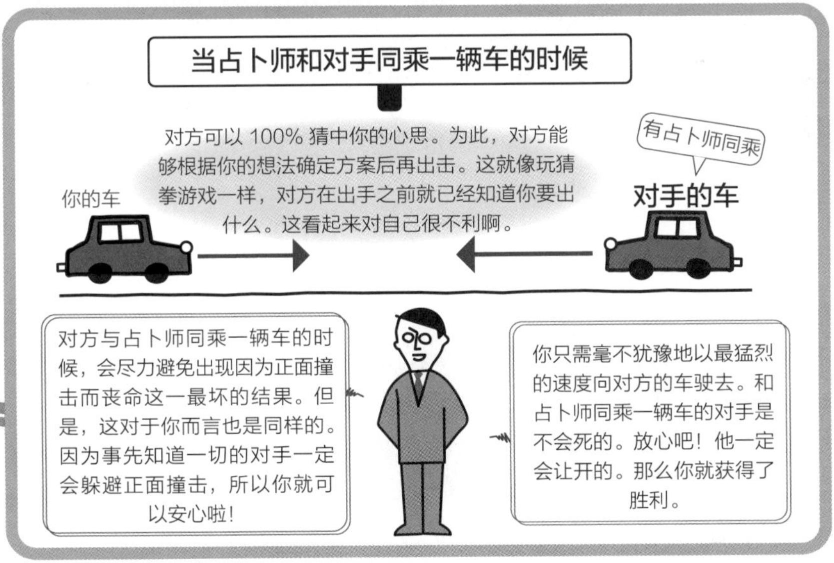

06 土豆悖论

假设在 100 千克土豆中，水分占 99%，固体成分占 1%。现在我们想要将其水分的占比下降到 98% 的话，请问需要风干掉多少千克水?

假如水分已经减少1%。那么其占比就变成了98%。这样一来，土豆的重量就由100千克变成了99千克。但其实这是一个错误的结论。我们来转变一下这个例子。假设某公司有100名员工，其中99%为女性，1%为男性。如果女性的占比减少1%，由99%变为98%的时候，那么此时女性有多少人呢？如果你认为是98人的话，那一定是错误的答案。因为此时男性为1人，女性为98人的话，女性的占比不再是98%了。如果想让女性的

结果出乎意料的思考实验

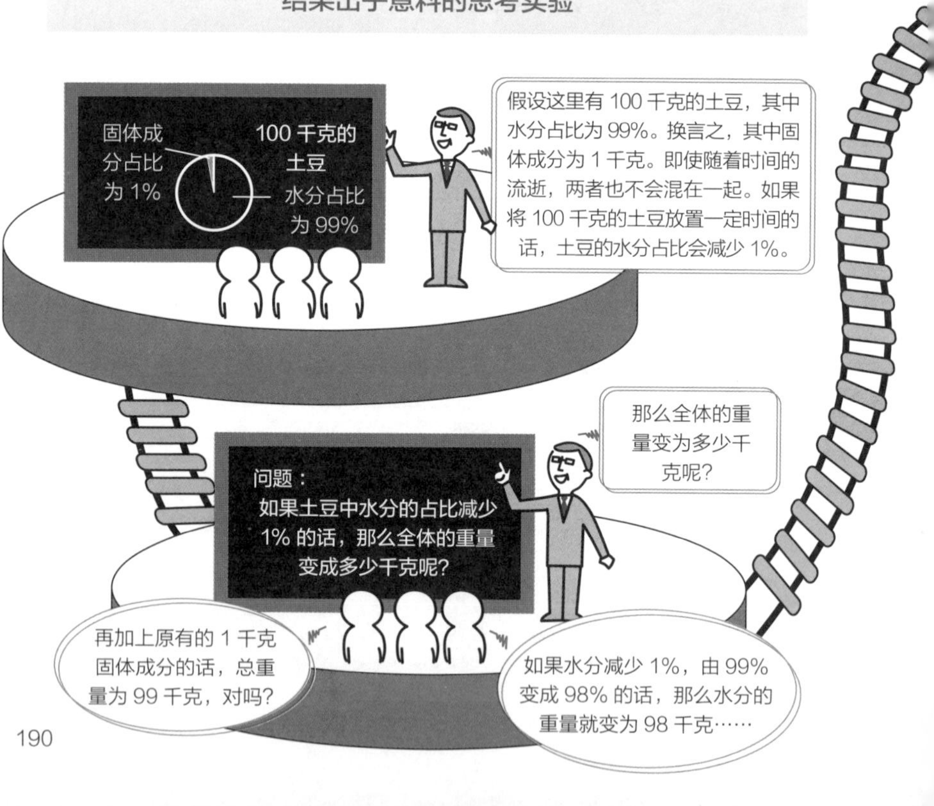

占比占为98%，那么必须要在减少1名女性的同时增加1名男性。同理，在没有增加土豆的固体成分（没有增加男性人数）的情况下，答案一定会发生改变。换言之，只有女性从50人减少到49人，并且保持男性为1人的情况时，女性的占比才能为98%。所以在该问题中，正确的答案是水分减少至49千克，固体成分为1千克的时候，水分的占比才能变成98%。这种出乎意料正是该问题可以被称为悖论的原因所在。

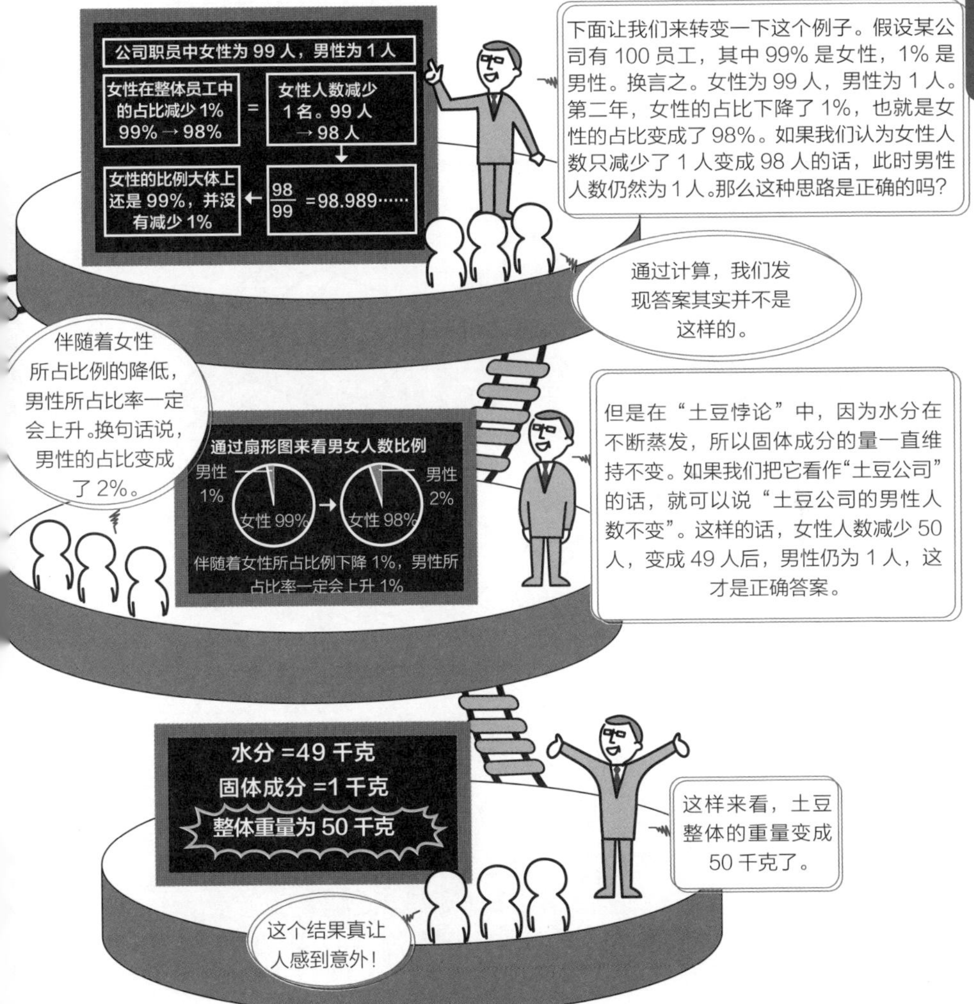

07 生存彩票

“通过抽签决定器官捐献者”这一概念来源于英语中“survival lottery”（直译为“生存彩票”）一词，是一种假想实验。其核心内容为通过抽签来决定器官捐献者，牺牲1个人的生命来拯救5个人。对于这种牺牲某个人来拯救更多人的方法你会支持吗？

假设现在医院中有5名患者，他们都在等待各自需要的由别人捐献的器官。如果没有人捐献的话，他们很快就会丧生。正在此时，1名男性来到医院做健康诊断。如果医生能够对该名男性实施安乐死（►P209），并

生存彩票是一种逻辑思维方式吗

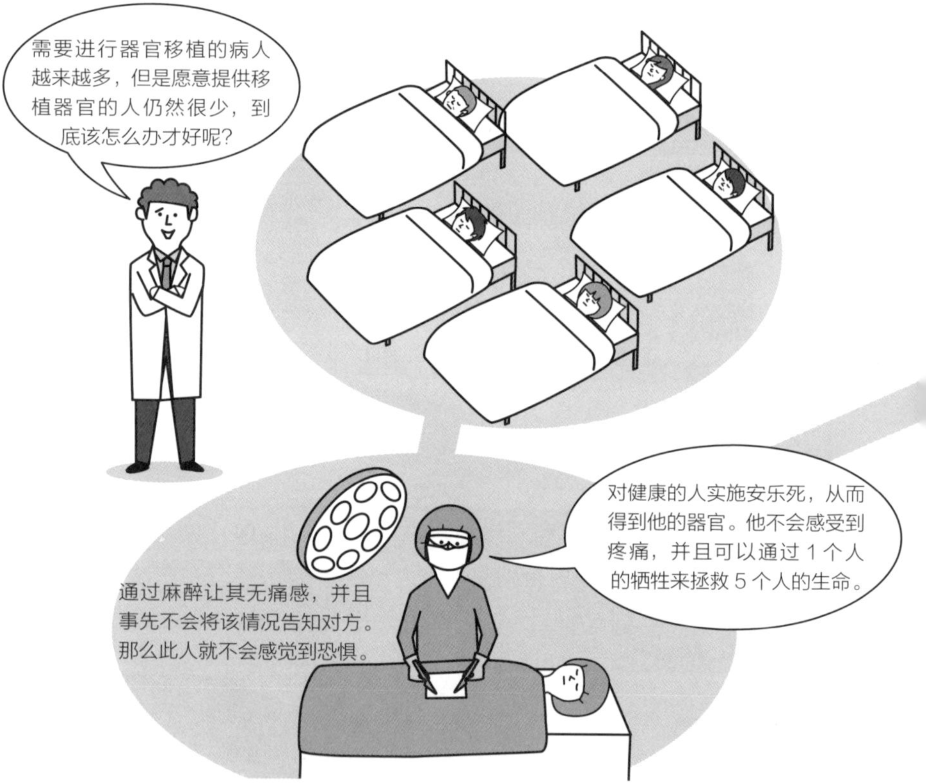

将他的器官提供给这5个人的话，就可以通过1个人的牺牲来拯救5个人的生命了。当然，因为没有事先告知该男性这件情况，所以他也不会陷入恐慌之中。那么对于这种通过抽签的方式来决定器官捐献者的行为该如何评价呢？猛然一看，这种方法似乎可以拯救更多的患者，但是却遭到了大多数人的反对。虽然通过这种办法能够拯救更多的人，但是我们也能从中感受到自己或对于自己而言很重要的人随时会死去的那种恐惧。我们必须避免这种故意杀人情况的出现，这才可以称得上作为人的伦理道德。

08 难以应对的新提案

当我们的努力即将结出丰硕果实之际，一旦出现了更好的想法，那么阻碍逻辑思维的心理就开始作祟。

假设你是新产品开发部的经理，由你策划并推进的项目在3个月之后将迎来新品发布会。然而就在此时，你手下的一名员工提议使用新的材料来重新制作该商品。的确，如果使用新材料的话，其性能确实会变得

我们不能轻易地把积累起来的努力成果完全归零

更好。但是，发售的日子也正在按照原定计划一步一步逼近……

对现有的项目进行重置是一个艰难的选择。因为，项目重置意味着我们之前付出的所有努力、花费的金钱与时间很容易就被推翻了。我们之所以感觉难以选择是出于对上述结果的抵触感，同时也有自己参与该项目之后所产生的自尊心等因素参与其中。当然，我们不能完全排除其中的感情因素。因为控制好感情是十分重要的事情。

09 特定保健食品的伪装

如果发现自己的公司正在进行不法勾当，我们当然必须要告发。但是，是什么原因导致这种“理所当然”的事情实施起来却如此艰难呢？下面让我们对这种思维过程一探究竟。

在某家经营特定保健食品（►P209）的公司中，某位公司员工发现自家公司生产商品的产地和制作方法不知从何时起发生了变化。上司对此不以为然，并解释说：“生产方法本身没有任何问题，并且营养价值和

感情要素的介入会使逻辑思维变得迟钝

原来相比并无太大差距。”虽然面对这样的事情，我们应当立即告发，但实际上真正付诸行动的人却少之又少。

究其原因是在大家看来，比起对消费者这一广泛群体的责任感而言，对同事及自身这种身边事物的顾虑要占据上风。另外一个主要原因是内部告发会导致出现负面印象。虽然我们在做出选择时会受到感情因素的影响，但是，通过拓宽视野就能更加容易地做出合乎逻辑的选择。

10 “时光机”的故事

我们经常幻想能够乘坐“时光机”自由地穿梭于未来与过去之间。虽然这听起来像是梦话，但如果真的变成现实的话，那么就极有可能引发各种矛盾产生。

如果我们能够乘坐“时光机”（►P209）回到过去，并对过去一些事情进行改变的话，那么会对现在产生什么样的影响呢？假设有一名叫小健的男孩。在他10岁的时候，5岁的妹妹因为身患疾病而夭折。20年后，社会上已经研发出可以治疗妹妹当时所患疾病的药物。于是，小健就带着特效药，乘坐“时光机”准备回到过去拯救妹妹的生命。

在“时光机”真正存在情况下的“思考实验”

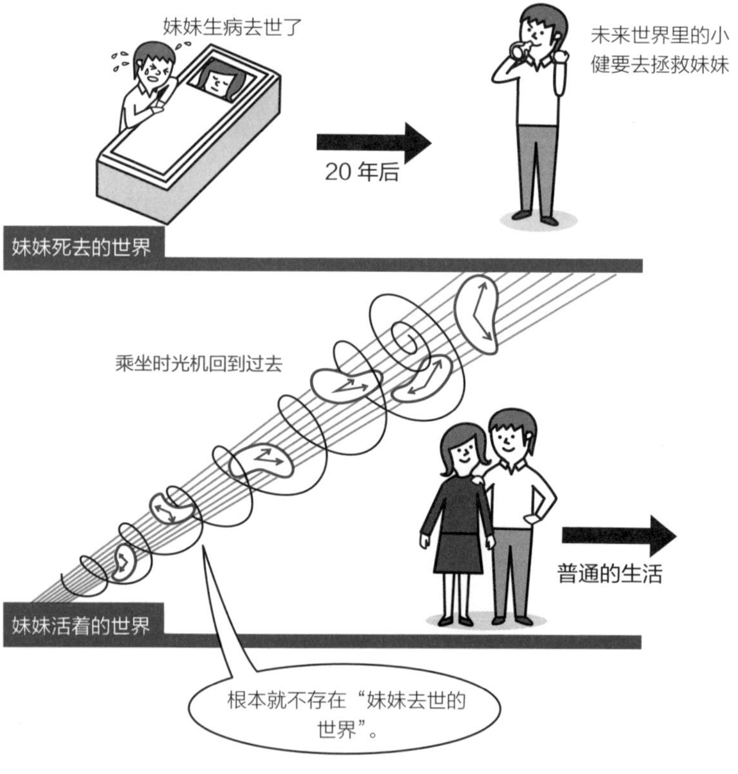

未来发生的事情一定会沿着妹妹的生存之路而被改写，但实际上却产生了众多矛盾，这就是所谓的“时间悖论”。如果想要拯救妹妹的生命，那么未来世界里的小健就必须回到过去。但是，如果妹妹得到救治并一直活下去的话，那么在20年后小健根本无须带着特效药回到过去。如果这样的话，到底是谁救了妹妹呢？

如果开发出“时光机”的话……

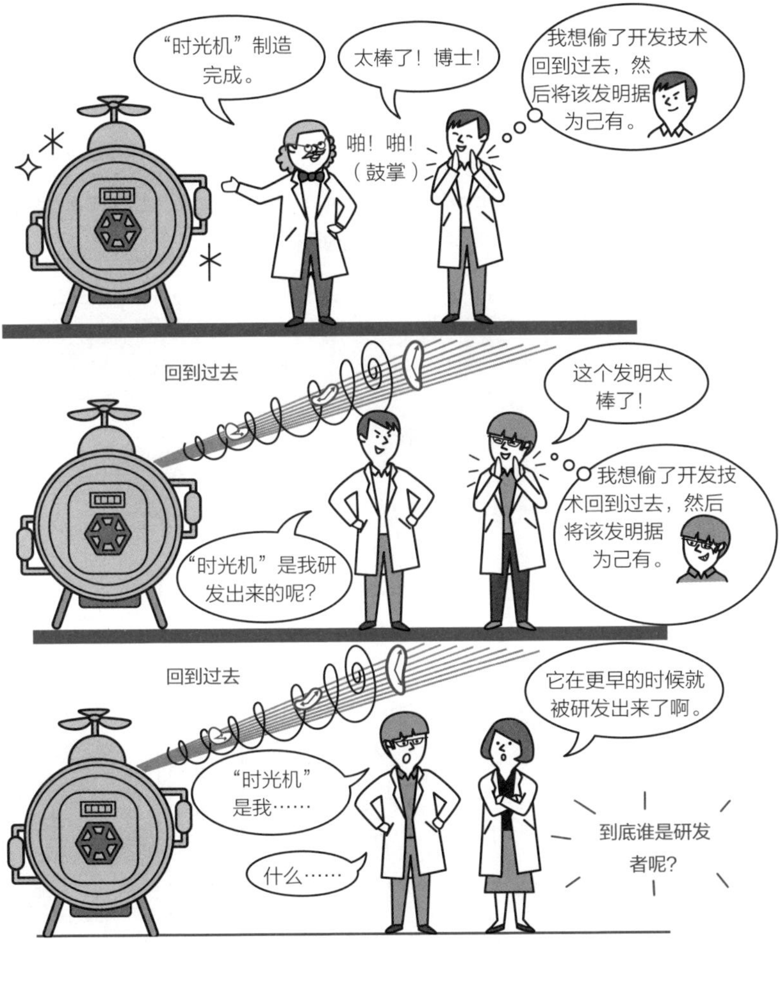

11 扑克牌的奇迹

即便是在相同概率下发生的事情，如果其结果带有某种特征性的话，人们就会努力从其中寻找某些特殊的意义。

在某一个地方有这样一个女孩。她经常会为衣服搭配而苦恼。每当这时，她都会随机抽出4张扑克牌，然后根据颜色的搭配来决定要穿的衣服。但是，不可思议的是她抽中了4张A。她觉得这种结果简直就可以称得上奇迹，为此兴奋不已。对于此时的她而言，穿衣服所带来的烦恼已经算不得什么重要事情了。

即便是在相同概率下发生的事情，其带有某种特征性的结果也会引发人的胡思乱想

认真思考就会发现，无论是抽中4张A还是抽中4张杂乱无规律的扑克，其概率都是一样的。只是这些人会错误地把这种带有某些特征的结果当作某种奇迹。这种想法和“赌徒谬论”是一样的，后者同样错误地认为在赌博转盘上想要重复获得相同的结果是十分困难的。

赌徒谬论

12 突袭考试

如果我们知道单纯老实地去捕捉别人传递给自己的信息，那么无论我们如何进行有逻辑的思维，其结果往往都会产生意想不到的情况。

假设在某个地方有这样一名男高中生。有一次，他的老师说：“在下周某个时间会举行突击考试。不到考试那一天是不会有考试的。”这名同学平时就有使用逻辑思维思考问题的习惯。这次他听了老师的话，忽然

过度的逻辑思维会使人掉入逻辑陷阱

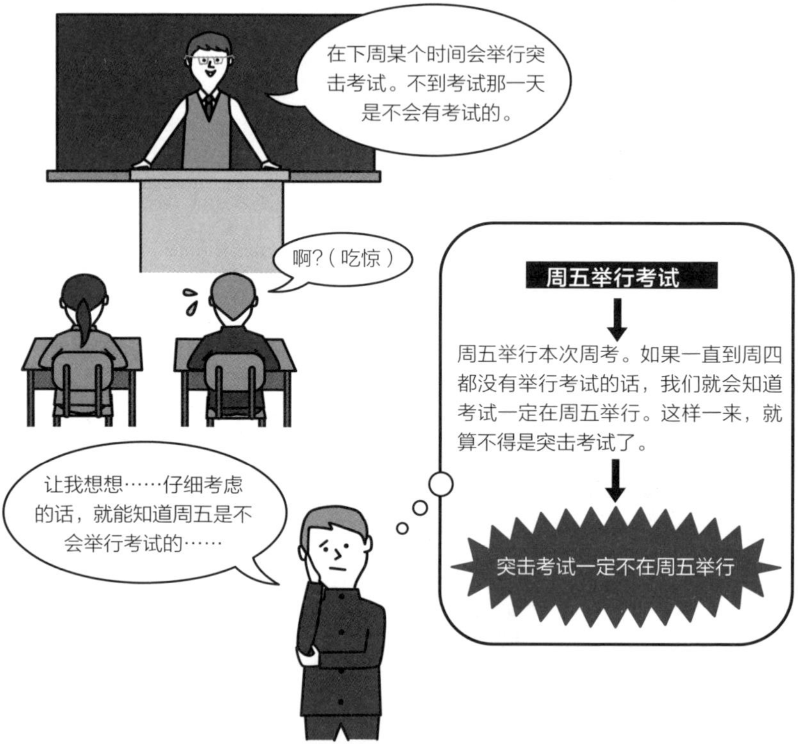

意识到一件事情：按照老师所说的那样，如果不到考试那一天是不会有考试的话，那么肯定不会在周五举行考试的。

但是，如果我们把周四当作一周内实际上的最后一天的话，那就与上述情况（把周五当作一周内最后一天的情况）下得出的结论是一致的。这样的话，我们就可以推导出“在周四不会举行突击考试”的结论。如此反复思考，他最终推导出来的结果就是“无论在星期几都不会举行突击考试”。但实际上，突击考试是在周三举行的。虽然这让男高中生大吃一惊，但是细想起来，就会发现一定是他的思路有问题。

将这一理论应用于全周的每一天

时间	周一	周二	周三	周四	周五
能否举行考试	✕	✕	✕	✕	✕

男高中生的想法的问题点所在

- 过于苛刻地理解和把握老师所说的“不到考试那一天是不会有考试的”这句话。
- 老师的发言单纯是为了强调“下一周要进行考试”，但是男学生却进行了过度的逻辑思维，并且自己没有意识到这一点。
- 最终的结果是突击考试出其不意地举行，令他措手不及。

13 犯罪同伙的告白

现实生活中存在这样的事情，即如果两个人都从利己的角度去思考的话，所得到的结果会对两个人都不利。

假设在某个地方有A和B两个人。作为案件的嫌疑人，他们两人被分别关在了两个房间里接受审问。但是这两个人三缄其口，拒不认罪。为了对付这两个人，审讯员说："如果你们两人中有一人坦白，而另一个人不招供的话，坦白的那个人将作为协助办案者予以释放，拒不认罪的

想要避免最坏结果，反而离最佳的方案越来越远

	A 沉默	A 坦白
B 沉默	A、B 各服刑 2 年	A 被释放，B 服刑 10 年
B 坦白	A 服刑 10 年，B 被释放	A、B 各服刑 6 年

那个人将被监禁10年。如果两个人都坦白的话，那么两人都会被监禁6年。两个人都拒不招供的话，都将被监禁2年。”

下面我们从逻辑或客观的角度去考虑一下“监禁总年数”。如果两个人都拒不招供，则“监禁总年数”为4年。这在所有情况中是“监禁总年数”最少的选择方案。虽然两人都选择拒不认罪是最佳的方案，但最终结果是A和B都坦白招供。最后，两个人都受到各自被监禁6年的处罚，加在一起为12年。这就是所谓的“囚徒困境”。

14 计算机支配的世界

如果我们制造出来的超高性能计算机甚至连未来之事都能预测的话，那么世间的人们能够变得幸福吗?

假设在遥远的未来，我们制造出一款可以完美解析人脑、模拟所有信息，甚至可以预测未来的计算机。人们会利用它分析自己孩子的性格，然后选择一个最合适孩子的职业，并为此实施有针对性的教育。就职录用工作也是利用该计算机进行的，所以不会出现“才德不配位”的情况。相亲活动也是同样利用机器寻找到最佳异性。警方抓住犯罪嫌疑

在一个由机器决定价值观的绝对世界中，人们真的会幸福吗

人之后，只需要利用机器分析一下就能判断出谁是犯人。犯罪率也会随之下降，那些犯罪率较高的人会提前接受“回炉再造系统”的改造。用机器的均衡价值观来评级事物，那么任何人都可以不通过努力而成功。这就是一个梦幻的世界啊！但是，换个角度来看的话，这也可以看作一种否定人性的“反乌托邦”（黑暗的世界）。

专栏 7

要锻炼商务界适用的逻辑思维能力，“思考实验”是最好的选择

在本章中，我们讲了一些思考实验，比如“电车难题”“忒休斯之船”“阿喀琉斯与乌龟”。我们在特定条件下深化思维能力，在头脑中进行反复推论的同时推导出自己的结论。从这种思维过程中衍生出来的实验就是所谓的“思考实验”。这种实验和商务人士在策划说明会或商务谈判过程中利用各种逻辑思维方法努力说服对方的行为极其相似。

比如，某消费品制造商想要出售某件商品。此后，会有无数个想法在他的脑海中浮浮沉沉。这就说明他在无意识地进行“思考实验”。

大概是这样的一种感觉。“虽然想利用本公司现有的批发销售途径来进行广告宣传，但是缺乏新意。如果在会议中被主管人员批评的话……”“到底要不要通过电视广告大肆宣传呢？但是，能否出现与预算相符合的效果呢？如果觉得可以，那么依据又是什么呢？”

这样的行为才可以称得上是“思考实验”。

术语说明⑦

最大多数的幸福原则（P181）

这是英国哲学家、伦理学家、法学家杰里米·边沁提出的理念。在功利主义的理念中，个人幸福的总和就是社会整体的幸福，社会幸福的最大化就是社会的“善”。边沁认为，所有的道德准则和立法都建立在实现“最大多数的幸福”的基础之上。政府为了使社会整体的幸福达到最大，应该采取一切手段。近代社会的道德生活和政治生活的基础都建立在功利主义的原理之上。

同一性（P182）

有的东西不受环境和时间变化的影响，是会一直连续下去的具有同一性的事物。在心理学领域，这指的是一种“确认自己真的是自己（个体同一性）”的感觉。自己能够以自己应有状态存在的话，就可以说我们建立了属于自己的个体同一性。

安乐死（P192）

安乐死指的是在不给人或动物带来任何痛苦的前提下使其死亡。关于安乐死的问题已经在日本讨论了很多年，但是至今还没有得出结论。而且，不仅仅是安乐死，就连尊严死问题也变得越来越重要。安乐死的首要目的是将患者从痛苦中解救出来。在安乐死中，有一种方法是依靠药物等物质，人为地带来死亡。这种方法被称为积极的安乐死。以此不同，尊严死的目的是实现患者们“想要保留人的尊严，自然地死去”这一愿望，其方法为通知患者采取人工续命救助措施，使其自然地迎接死亡。这种方法被称为消极的安乐死。

特定保健食品（P196）

特定保健食品指的是日本在1991年公布的《营养改善法》中规定的“法定化的食品”。具体的定义为“出于特定保健目的的人通过使用该产品可以达到其保健目标。在该目的被许可的情况下生产的商品为‘特定保健食品’”。特定保健食品指的是在特定的许可下，可以标记为“能够达到特定健康用途”的食品。其中，获得许可的“特定保健用途”包括：促使血糖、血压、血液中胆固醇回归正常水平；调整肠胃功能；有利于骨骼健康等。

时光机（P198）

“时光机”指的是可以超越时间，自由移动到未来和过去的装置。自“时光机”在英国科学科幻小家说H.G.威尔斯1985年发表的《时间机器》中登场以来，就成了科幻作品中经典的道具之一。“时间悖论（Time Paradox，时间逆说）”指的是沿着追溯时间轴去往过去或未来，通过改变过去事情的结果，最终导致因果律的矛盾。有一个著名的“杀父悖论”，讲的是自己通过“时光机”回到出生之前的时代，杀死了自己的父母，结果从未来世界过来的自己就不存在了。

结束语

G公司主要从事教育类书籍制作、出版工作。读者在购买该公司出版的《英日词典》后，会给出版社寄一张回访明信片。其中，当谈到购买理由时，回答最多的是“因为里面收集了特别多的词条”。

受此影响，在此次出版社的策划会议中，承担《英日词典》编辑工作的小A说：“就像问卷调查结果显示的那样，制作词典就要收录足够多的词条。”

但是，对于小A的发言，承担商务实用词典编辑工作的小B却提出了质疑。他认为小A的想法存在根本性的错误。

究其原因，是因为他感觉小A所说的“收录足够多的词条”毫无意义，并且这样一来就忽视了没有购买G公司出版的词典的那些人。

换言之，用户可以分为4类。

①对“词条多”很感兴趣而购买的人。

②对“词条多”不感兴趣但仍然购买的人。

③对“词条多”不感兴趣并且不购买词典的人。

④对“词条多”很感兴趣但仍然不购买的人。

小A只把第一类用户当作讨论对象，并得出“制作词典就要收录足够多的词条”这一结论。而小B则对该结论提出了质疑。

所以，作为导出结论的要素（依据），②③④事项被遗漏了。

换言之，小A的思维方法没有达到MECE（相互独立、完全穷尽）的效果。而这种效果在逻辑思维中是至关重要的。

与其将其称为一个“悖论”，不如说这是商务人士在数据分析方面不得不注意的要点。

当然，读完本书的各位一定不会犯小A那样的错误。

话虽如此，但人们还是容易对眼前的事物视而不见。

从这个意义上来讲，我们应该通过反复阅读本书，来达到永远牢记逻辑思维精髓之所在目的。

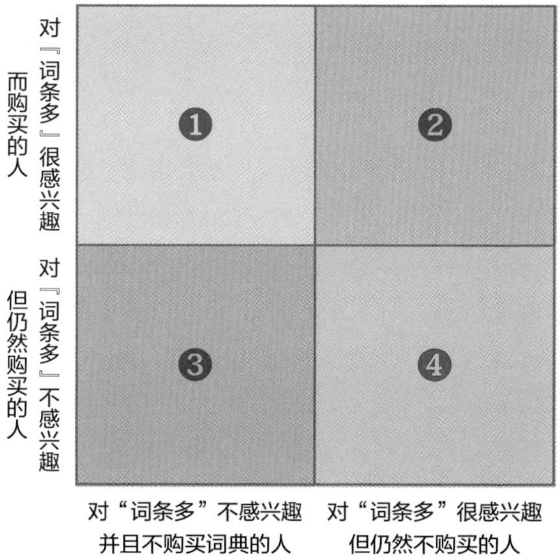

自学笔记

自学笔记

图书在版编目（CIP）数据

零基础 逻辑思维笔记 /（日）北村良子著；刘江宁译. -- 北京：中国科学技术出版社，2020.12（2025.7 重印）

ISBN 978-7-5046-8885-9

Ⅰ. ①零… Ⅱ. ①北… ②刘… Ⅲ. ①逻辑思维－通俗读物 Ⅳ. ① B804.1-49

中国版本图书馆 CIP 数据核字（2020）第 210598 号

策划编辑	申永刚 耿颖思	**版式设计**	锋尚设计
责任编辑	申永刚	**责任校对**	张晓莉
封面设计	马筱琨	**责任印制**	李晓霖

出　　版	中国科学技术出版社
发　　行	中国科学技术出版社有限公司
地　　址	北京市海淀区中关村南大街 16 号
邮　　编	100081
发行电话	010-62173865
传　　真	010-62173081
网　　址	http://www.cspbooks.com.cn

开　　本	880mm × 1230mm 1/32
字　　数	180 千字
印　　张	7
版　　次	2020 年 12 月第 1 版
印　　次	2025 年 7 月第 2 次印刷
印　　刷	北京盛通印刷股份有限公司
书　　号	ISBN978-7-5046-8885-9/ B·63
定　　价	55.00 元

（凡购买本社图书，如有缺页、倒页、脱页者，本社销售中心负责调换）